U0167834

低碳建筑选材宝典

Material Selection Guide of Low-Carbon Building

材见船长　主编

中国建筑工业出版社

图书在版编目（CIP）数据

低碳建筑选材宝典 = Material Selection Guide of
Low-Carbon Building / 材见船长主编. —北京：中国
建筑工业出版社, 2023.9
　ISBN 978-7-112-28867-0

　Ⅰ.①低… Ⅱ.①材… Ⅲ.①生态建筑－建筑材料
Ⅳ.①TU5

中国国家版本馆CIP数据核字（2023）第117105号

　　本书汇聚了来自世界各地的最新研究和实践成果，涵盖了各种类型的低碳、可持续建筑材料，以及如何在实际项目中运用这些材料。全书共分为12章，包括建筑材料的重要性及其分类、建筑结构材料、建筑砌体材料、建筑隔热和保温材料、建筑防水材料、建筑装饰材料、建筑电气材料、建筑管道材料、建筑外墙材料、建筑辅材、新型材料的低碳、可持续设计与应用、未来建筑材料设计的发展趋势。

　　本书内容丰富，可供建筑师、设计师、工程师以及对可持续建筑感兴趣的读者参考使用。

责任编辑：王砾瑶　徐仲莉
版式设计：锋尚设计
责任校对：张　颖
校对整理：赵　菲

低碳建筑选材宝典

Material Selection Guide of Low-Carbon Building

材见船长　主编

*

中国建筑工业出版社出版、发行（北京海淀三里河路9号）

各地新华书店、建筑书店经销

北京锋尚制版有限公司制版

北京富诚彩色印刷有限公司印刷

*

开本：787毫米×960毫米　1/16　印张：17　字数：358千字

2023年10月第一版　　2023年10月第一次印刷

定价：**120.00**元

ISBN 978-7-112-28867-0

（41286）

序

1

我非常荣幸地向大家推荐这本令人振奋的新书《低碳建筑选材宝典》，它为我们探索可持续建筑的道路提供了宝贵的指南。作为奥雅纳的一员，我深知我们建筑行业在应对气候变化和环境挑战方面的责任，因此我对这本书的内容充满期待。

奥雅纳是一家全球领先的工程咨询公司，致力于推动可持续发展和低碳转型。我们深信，低碳建筑是未来的趋势，将对我们的社会、经济和环境产生深远的影响。

作为奥雅纳的一员，我们始终将低碳建筑作为核心价值观和使命的重要组成部分。我们不仅在项目中推动低碳创新，还积极参与研究和开发工作，以推动行业的可持续发展。我们与各行各业的伙伴紧密合作，共同探索创新的低碳建筑材料和技术。我们致力于找到解决方案，使建筑物的能耗和碳足迹最小化，同时提高舒适性和功能性。我们通过技术模拟、能源分析和生命周期评估等工具来支持客户做出明智的决策，选择合适的低碳材料，并优化建筑物的设计和运行。

奥雅纳在全球范围内参与了许多令人瞩目的低碳建筑项目。无论是零碳排放办公楼、被动式住宅还是智能城市发展，我们都与客户紧密合作，共同实现可持续目标。我们非常自豪其中一些项目案例被收录在本书中，以激励和启发更多人加入低碳建筑的行列。

这些案例将向您展示我们在设计和实施方面的创新能力。我们与世界各地的伙伴合作，推动使用可再生材料、提高能源效率、减少碳排放等关键领域的创新解决方案。这些项目不仅在环境可持续性方面取得了突破，还在经济效益和社会可持续性方面带来了实实在在的收益。

我们相信《低碳建筑选材宝典》这本书能够为建筑行业的可持续转型提供实用的指南和工具，使我们的建筑物能够更好地适应未来的挑战。无论您是一位建筑师、设计师、工程师还是对可持续建筑感兴趣的读者，这本书都将为您提供宝贵的知识和灵感，帮助您更好地了解低碳选材的重要性以及如何在建筑项目中应用可持续材料。奥雅纳深信，通过共同努力，我们可以创造出更环保、更健康、更宜居的建筑环境，为我们的子孙后代留下一个更美好的世界。

祝愿这本《低碳建筑选材宝典》能够给您带来启示，为您在低碳建筑领域的实践和决策提供有力的支持。让我们携手共进，为创造一个更可持续的未来而努力。

何文杰

奥雅纳副董事，数字化服务负责人

序

2

传言中，美国20世纪中叶建筑师路易斯·康曾告诉他的学生，在需要方向和灵感时，问问砖头它想成为什么。

Rumour has it that the US mid-century architect Louis Kahn would tell his students, when they were in need of direction and inspiration, to ask the brick what it wanted to be.

我喜欢这种方法的几个原因。第一个原因是它表明材料，在这种情况下是砖头，是具有个性和故事的角色。第二个原因是他的建议假定建筑学生通常不会将砖头和材料放在创意过程的开始。这个假设是可以理解的，因为多年来，建筑师和大多数其他形式的工业设计都是从绘制草图开始创意过程。然而，最近这个起点已经转移到材料，这些新的角色被用作定义用户体验和构建故事的一种方式。与此同时，材料的起点现在越来越多地聚焦于可持续性，因为这是建筑师和设计师影响开发减少环境影响产品的主要方式之一。

There are several reasons why I like this approach. One is that it suggests that materials, in this case the brick, are characters with a personality and have a story to tell. A second reason is that his advice assumes that the architectural students did not generally put the brick and materials at the start of the creative process. This second point is understandable because for many years architects, and most other forms of industrially produced design, started the creative process with drawing a sketch to kick-start the creative process. However, more recently that starting point has moved to materials, where these new protagonists for story telling are being used as a way to define user experiences and build stories. Increasingly and against a rapid and accelerating upward trajectory the starting point of materials have now had to become focused around sustainability as one of the main ways that architects and designers have influence to develop products that reduce environmental impact.

这种材料为中心的方法促进了材料使用两端的创新：从材料的创始人和开发者开始，他们被消费者的新意识引导着开发新材料；到将这些材料转化为新应用的建筑师和设计师，最终到最终用户、开发者、城市规划师和中央政府，他们要求更严格的有关材料历史和来源以及在使用过期后材料的去向的信息。

This is materials centred approach has resulted in innovation from both ends of a materials use: from the originators and developers of materials who are led by a new conscience in consumers to develop new materials; through to the architects and designers who translate these materials into new applications and finally the end users, developers, urban planners and central government who are demanding more stringent information on the history and sources of materials and what will happen to them when their use has expired.

关于这些新的可持续性和材料趋势，自工业革命以来，材料的创始人就不再来自科学领域之外。20世纪50年代的战后时期，加上太空竞赛的推动，加快了塑料和其他形式先进材料的大规模推广，推动了材料研究和科学的发展。然而，从21世纪初开始，材料创新和新材料的开发不再是通过以新的方式组合原子来实现，而是来自创意产业，他们痴迷于追求从各种废弃物和新的生物材料中创造新材料的新方法，其中许多您将在本书中找到实例。作为读者，您将发现这是一个激动人心的时代，可以发现新的材料，惊叹于这些新角色的多样性，其中许多来自以前难以想象的废弃物领域。

In relation to these new trends in sustainability and materials it is not since before the industrial revolution that the originators of materials have come from areas outside science. The post-war area of the 1950's combined with the space race propelled materials research and science with the mass-introduction of plastics and other forms of advanced materials. However, from the start of 21 century material innovation and the development of new materials is coming not from putting together atoms in new ways but from the creative industry who are obsessively pursuing new ways to create materials from all kinds of waste and new bio-materials, many of which you will find examples in this book. As the reader you will discover this is an exciting time to find new materials, to wonder and be inspired by the diversity of these new characters, many of which are coming from new previously unimaginable areas of waste.

然而，从设计这些新材料的角度来看，考虑材料所贡献的两个重要价值和分类非常重要。首先，显然是材料的真实、物理方面，围绕着它在这个星球上的存在、可持续性以及不要最终被填埋在垃圾填埋场。其次，材料的不可见、无形方面，即设计师无法在计算机上绘制或渲染的非视觉特征，我们常常称之为体验。正如路易斯·康所提到的材料作为角色的想法，它在将材料分解为表面、颜色、效果、触觉、声学等方面对于故事的贡献以及它们在情感层面上改变我们感受的方式非常重要。

However, from the perspective of designing with these new materials its important to consider two important values and classifications that materials contribute. The first of which is obviously the real, physical aspect of a material that are centered around its presence here on this planet, its sustainability and the thought to not end up in landfills. The second is the unseen, invisible aspect of a material, the kind of non-visual characteristics a designer can't draw or render on a computer, the thing that we often refer to as experience. It is the idea of materials as characters that Louis Kahn alludes to that is important in deconstructing materials into surfaces, colours, effects, haptics, acoustics that can contribute to a story and change the way we feel on an emotional level.

在这里，一个物质的潜在能力是具有嵌入式特性，可以提供反应，具有故事的材料可以提供情感反应，这是一种欣赏材料的方式，超越了其外观、触感和气味。这两个类别中蕴含的方面表达了一定程度的文化相关性和环境重要性，解释了为什么材料成为如此热门的词汇，以及为什么材料创新如此重要。

Here it is the latent potential of a chunk of matter to have embedded qualities that offer a reaction, materials with stories to tell, that provide and emotional response, a way of appreciating the material that is beyond the way it looks, feels and smells. Embedded into these two categories are aspects that express a level of cultural relevance and environmental importance that explain why materials have become such a buzz-word and why innovation in materials is so important.

像材见船长这样的书非常关键，因为它们为读者打开了大门，让他们发现、理解并受到新材料的启发，同时了解和理解这些材料，以便在实际和情感驱动的方式下应用它们。

Books like Captain Dan of M-seen's are crucial because they open the door for readers to uncover, understand and be inspired by both the new materials that are emerging and also by knowing about and understanding them in order for them to be applied in both practical and emotional driven ways.

如果我们要对减少二氧化碳排放、减少化石燃料使用和消除废弃物产生有意义的影响，那么我们需要重新定义我们设计建筑、产品和汽车的方式。我们需要跟随路易斯·康的建议，把材料放在首位，而不是采用几个世纪以来的草图、设计，然后再考虑材料的模式。只有通过理解它们的情感和机械特性和属性，并借助本书，我们才能以创意的方式与它们合作。

If we are to have a meaningful impact on reducing CO_2, using less fossil fuels and eliminating waste then we need to redefine the way we design buildings, design products and cars. Instead of a centuries old model of sketching, designing and then thinking about materials we need to follow Louis Kahn's suggestion of putting materials first. Its only by understanding their both emotional and mechanical characteristics and properties, with the aid of this book that we can work with them in a creative way.

克里斯·莱夫特里

Chris Lefteri

前言

　　在您手中的这本书《低碳建筑选材宝典》，旨在为广大建筑领域设计师提供一个关于低碳、可持续建筑材料的应用指南。在当今世界，气候变化和环境保护已成为全球关注的焦点。建筑行业作为全球能源消耗和温室气体排放的重要来源，对推动低碳、可持续发展负有不可推卸的责任。

　　本书汇集了来自世界各地的最新研究和实践成果，涵盖了各种类型的低碳、可持续建筑材料，以及如何在实际项目中运用这些材料。书中详细介绍了各类材料的特性、性能、生命周期和环境影响等方面的内容，为设计师提供了丰富的理论知识和实践应用。此外，本书还关注建筑材料在生产、运输、施工和废弃物处理等环节的可持续性问题，以期引导设计师从全过程的角度思考如何降低建筑的环境负担。

　　在编写本书过程中，我们尽可能收集和整理了各种低碳、可持续建筑材料的信息，但由于篇幅和知识的局限性，难免存在疏漏。我们希望读者在阅读本书的过程中，不仅能获得知识的启发，还能提出宝贵的意见和建议，让我们共同努力，为建筑行业的绿色转型做出贡献。

　　最后，我们衷心希望《低碳建筑选材宝典》能成为读者在实践可持续建筑设计过程中的得力助手，引领读者走向绿色、低碳的建筑设计之路。愿我们共同携手，为地球家园的美好未来贡献力量。

材见船长

二零二三年五月　上海

低碳建筑

低碳建筑是指以最小化能源消耗和碳排放为目标，通过设计、建造和运营来实现减少碳足迹和保护环境的建筑。作为低碳建筑的核心要素之一，材料的选择对于实现低碳建筑至关重要。

本书汇集了国内外的最新经验和技术，旨在为设计师和建筑业从业者提供全面、实用的低碳、可持续材料设计策略，从而促进低碳建筑的发展和应用。

在本书中，以下是我们认为最为重要的六条低碳选材策略，这些选材策略会贯穿本书。

优先选择可再生材料

可再生材料：如可持续森林管理木材、竹子、麻、木材、亚麻、棉花等这类材料，这类材料可以通过较短时间种植的方式获得，减少了对非可再生资源的依赖，并且在生产和使用过程中减少了碳排放。

尽量使用可循环利用的材料

可循环利用的材料：如金属、玻璃、纸张等这类可以循环的材料，这种材料循环利用的时候不仅可以减少生产过程中的碳排放，同时还可以减少废弃物的数量，从而减少对环境的污染。

推荐采用生物基材料

生物基材料：如生物基塑料、生物基纤维等，与传统石油基材料相比，具有更低的碳排放和更高的可持续性。

必须使用低碳传统材料的应用

在传统材料范围内做选择的时候，必须选择低碳的传统材料，如低碳混凝土、低碳钢材、低碳铝材等，有助于减少温室气体排放。

推荐采用高性能材料的应用

高性能材料可以有效减少建筑整体用材量，从而降低碳排放，如高强钢、高性能混凝土等。

优先选择本地材料

优先选择当地生产的材料，减少运输距离和相关碳排放。

低碳建筑设计
是一个系统设计工程

它主要包含建筑隐含碳和建筑运营碳这两部分的碳排放

建筑隐含碳

"建筑隐含碳"主要指与建筑物的建造和拆除过程相关的碳排放。包括从原材料的开采、加工，到建筑材料的制造、运输，再到建筑的施工和最后的拆除等各个环节产生的碳排放。

建筑运营碳

"建筑运营碳"是指在建筑物的使用和运营阶段产生的碳排放。这通常是通过消耗能源来提供供暖、制冷、照明、电力和水等服务产生的。随着技术的发展，各种节能设备的应用，运营碳排放通常占建筑物整个生命周期碳排放的比例逐渐降低，接近百分之五十。

在过去，建筑行业的重点在于减少运营碳，因为它占据了建筑整个生命周期碳排放的大部分。然而，随着能源效率的提高和可再生能源的普及，运营碳的比例正在逐渐降低。
因此，现在越来越多的专家和政策制定者开始关注隐含碳。虽然它的比例可能比运营碳小，但随着建筑行业对环境影响的关注日益加强，这部分的碳排放也越来越受到重视。

本书主要聚焦于建筑隐含碳中的建筑材料，通过不同的低碳、可持续材料的特性及其应用，帮助设计师和建筑业从业者了解低碳、可持续材料的最新发展和应用，从而辅助大家选择更为合适的低碳、可持续的材料，为建筑行业的可持续发展做出贡献。

建筑材料的减碳选择不应该只从它自身的碳排放量这一个维度来判断

我们来看一个例子：碳纤维是一个相对高碳排的材料，但是它具有非常优异的性能，在建筑加固、翻新上可以发挥很好的作用。所以如果我们把它作为加固材料来使用，可以延长建筑的使用寿命，从建筑整个生命周期来看，是减少的碳排放，所以碳纤维仍然是一个非常优异的"低碳"材料。

举这个例子是为了让大家可以更为直观地感受到，建筑选材是一个系统的工程。要想实现建筑整个生命周期的碳排放最低，需要综合考虑建筑设计中的材料设计与其他设计。

第 1 章

建筑材料的重要性及其分类

1.1 建筑材料的重要性和影响

建筑材料是我们构建居住和工作
环境的基础

建筑材料构成了我们的房屋、办公室、桥梁、公路等基础设施，这些都是我们日常生活的重要组成部分。好的建筑材料可以提供良好的居住和工作环境

建筑材料的质量直接影响到室内
环境质量

包括空气质量、声环境、光环境等。不良的室内环境质量可能导致居住者出现不适甚至疾病。因此，选用健康、环保的建筑材料对提高室内环境质量至关重要

建筑材料的性能还直接影响到建
筑的使用寿命和性能

建筑材料的性能直接影响到建筑的结构稳定性、耐久性、保温性、隔声性等方面。优质的建筑材料能够提高建筑的使用寿命和性能，降低建筑物的运行维护成本，从而实现更好的经济和环境效益

建筑材料影响着建筑美学和人们
的审美体验

建筑材料的质感、色彩、形状等特点决定了建筑物的外观和空间效果，影响着建筑美学和人们的审美体验。因此，选用具有良好美学特性的建筑材料是提高建筑品质的关键

建筑材料对环境也具有非常广泛的影响

1 建筑材料的生产、加工、运输、使用和废弃过程中都需要消耗能源，从而产生大量的碳排放。根据统计，建筑材料生产过程中的能源消耗和碳排放占到了全球总量的近40%。因此，选择低碳、环保的建筑材料至关重要。

2 建筑材料废弃后对环境产生多种影响，包括土壤和水源污染、空气污染等。在国内，一些大型城市中的建筑固体废弃物约占整个城市垃圾的一半。因此，我们必须使用可以循环利用的材料，从而可以节约资源、降低能源的消耗，并且更好地保护环境。

1.2 低碳和可持续建筑材料设计的概念和意义

低碳、可持续建筑材料设计是一种以减少能源消耗、降低环境污染、保护自然资源和提高资源利用效率为目标的建筑材料设计方法。它旨在促进建筑业的绿色发展，提高建筑物的环境和社会效益，为实现人类可持续发展的目标做出贡献。

减少能源消耗与碳排放

通过选用低碳、环保的建筑材料，降低建筑材料生产、运输、施工和废弃阶段的能源消耗与碳排放，有助于减缓全球气候变化和地球变暖

保护自然资源

低碳、可持续建筑材料设计倡导合理利用自然资源，采用可再生、可循环利用的材料，减少对地球有限资源的过度开发和消耗

提高资源利用效率

通过采用循环经济原则，实现建筑材料的循环利用，从而降低废弃物产生，减少资源浪费，提高资源利用效率

促进绿色经济

低碳、可持续建筑材料有助于推动建筑业的绿色发展，创造新的经济增长点和就业机会，提高国家和地区的竞争力

提高建筑物性能

低碳、可持续建筑材料设计关注建筑物的耐久性、节能性、舒适性等性能，有助于提高建筑物的使用寿命和环境效益，降低运行维护成本

增强社会责任感

通过低碳、可持续建筑材料设计，建筑业可以提高其在环保、资源利用等方面的社会责任感，增强企业形象和品牌价值

总之，低碳、可持续建筑材料设计对于实现建筑业的绿色发展、保护自然资源和环境、提高人类生活质量具有重要意义。

1.3 建筑材料主要分类介绍

以下是我们根据建筑的功能对建筑材料进行的简单分类：

建筑结构材料

这类材料主要用于承受建筑物的荷载，包括墙体、楼板、桥梁、基础等部分。常见的建筑结构材料有混凝土、钢筋混凝土、钢材、木材等

建筑砌筑材料

用于砌筑墙体、填充空隙等。主要包括砖、石材、砌块、空心砖等

建筑隔热和保温材料

这类材料主要用于隔热、保温、降低能耗等。常见的隔热保温材料有聚苯板、岩棉、玻璃棉、泡沫塑料等

建筑防水材料

用于防止建筑物受潮、渗漏等问题。常见的防水材料有沥青防水卷材、高分子防水卷材、水泥基防水材料等

建筑装饰材料

用于提升建筑物的美观性。常见的装饰材料有涂料、壁纸、瓷砖、大理石、花岗石、镜面不锈钢板等

建筑电气材料

用于建筑物的电气设备、线路、照明等部分。常见的电气材料有导线、线缆、开关、插座、灯具等

建筑管道材料

用于建筑物的给水排水、暖通空调、消防等系统。常见的管道材料有PVC管、PE管、PPR管、铸铁管、不锈钢管等

建筑外墙材料

用于覆盖建筑物外立面的材料，这里主要介绍的是建筑外墙装饰材料，常见的建筑外墙材料有：玻璃、铝板、石材、涂料等

建筑辅材

这类材料包括各种树脂、粘合剂、密封材料等，常用于粘接、密封等功能

新型建筑材料

随着科技的发展，新型建筑材料不断涌现，如气凝胶、碳纤维、菌丝体材料等材料的出现

接下来将通过11章内容详细介绍各种不同建筑材料低碳设计策略：

1 不同功能建筑材料及其分类的介绍

2 各种建筑材料的环境影响和可持续性挑战

3 探讨各种建筑材料的低碳、可持续的设计策略

4 不同的低碳、可持续性材料介绍及其应用分享

第 2 章

建筑结构材料的低碳、可持续设计与应用

2.1　建筑结构材料及其种类

建筑结构材料是指用于承担建筑物的荷载和传递力的材料，它们在建筑物中发挥着重要的支撑和承重作用。常见的建筑结构材料包括以下几种：

混凝土

混凝土是由水泥、砂、石子（或骨料）和水按一定比例拌合而成的一种人造石材。混凝土有很好的抗压性能，广泛应用于各种类型的建筑物和基础设施

 钢筋

钢筋是指用于加固混凝土结构的圆钢或钢筋。钢筋具有较高的抗拉强度和抗压强度，通常与混凝土一起使用，形成钢筋混凝土结构

钢结构

钢结构是由钢材经过加工、连接而成的结构体系。钢结构具有重量轻、强度高、施工快速等优点，广泛应用于高层建筑、桥梁、工业厂房等领域

 木结构

木结构是指由木材或木制品组成的建筑结构。木结构具有天然、环保、可再生等特点，在一些住宅、别墅、旅游设施等领域得到广泛应用

砖石结构

砖石结构是由砖或石材经过砌筑而成的结构体系。砖石结构具有较好的抗压性能和保温性能，适用于低层住宅、古建筑等场景

2.2 建筑结构材料的环境影响和可持续性挑战

建筑结构材料对环境的影响

能源消耗

建筑结构材料生产需要耗费大量的能源，包括电力、燃料等，其能源消耗对环境产生负面影响

温室气体排放

建筑结构材料的生产和运输过程中会产生大量温室气体，如二氧化碳、甲烷等，进而加剧气候变化

自然资源消耗

建筑结构材料的生产需要使用大量的自然资源，如水、矿产等，其过度消耗对环境产生不良影响

废弃物排放

建筑结构材料的生产和使用过程中会产生大量废弃物，如生产废料、使用废弃物等，其排放对环境污染带来不良影响

建筑废弃物处理

建筑结构材料在使用过程中可能会产生废弃物，如拆除建筑物、装修等，其处理方式对环境的影响也需要考虑

$$\boxed{\text{建筑结构材料可持续性的挑战}}$$

混凝土结构材料目前遇到的可持续性的挑战

技术挑战 混凝土回收再利用涉及一系列的技术过程，包括混凝土拆除、破碎、筛选、清洗等，这些技术在我国并未得到广泛应用和普及

经济效益挑战 混凝土回收再利用的成本往往高于新混凝土的生产成本。尤其是在运输成本较高的情况下，混凝土回收再利用的经济效益就更低

政策法规挑战 对于混凝土回收再利用的政策和法规尚不完善。例如，关于建筑拆除废弃物的处理、混凝土回收再利用的标准，以及混凝土回收再利用产品的质量监管等方面的法规和政策都需要进一步健全

市场接受度挑战 在建筑行业，新混凝土的品质和性能被广大用户所接受和信任，而对于回收再利用的混凝土，无论是从其性能还是从其稳定性上，都还存在一些疑虑，这影响了其市场接受度

公众意识挑战 与钢材回收相比，混凝土回收再利用在公众中的认识和理解更为有限。许多人并不清楚混凝土回收再利用的重要性和可能性，因此在混凝土的处理和利用上，公众的参与度并不高

建筑结构材料可持续性的挑战

钢结构材料目前遇到的可持续性的挑战

技术挑战

虽然钢材的回收再利用技术在全球范围内已经比较成熟，但在我国，尤其是在部分地区，相关的技术和设备尚未普及。例如，建筑拆除过程中钢材的分类和分拣需要精确的技术和设备支持，这是一大挑战

经济效益挑战

新钢材的生产成本在很多情况下低于回收钢材的成本。这使得市场对于回收钢材的需求较低，也影响了回收钢材的经济效益

政策法规挑战

钢材循环利用的政策法规尚不完善，例如，对于建筑拆除过程中钢材的回收、处理、再利用等环节的管理和监督尚存在缺失

公众意识挑战

公众对于资源回收和环保的认识还有待提高。许多人对于建筑钢材的回收再利用缺乏足够的认识和重视

建筑拆除方式

大规模的爆破拆除方式常常使建筑钢材混杂在废弃物中，提高了回收和处理的难度

建筑结构材料可持续性的挑战

砖结构材料目前遇到的可持续性的挑战

经济效益挑战

回收再利用的砖块往往需要经过破碎、清洗、烧制等复杂的工序，这使得其成本高于新制砖块。尤其是在运输成本较高的情况下，砖块回收再利用的经济效益就更低

技术挑战

在拆除过程中，砖块往往会破碎或者与其他材料混合，这需要一套高效的分类、清洗和再生技术来进行处理。然而，这些技术在我国并未广泛应用

政策法规挑战

对于砖块的回收再利用，政策法规尚不完善。例如，建筑拆除废弃物的处理、砖块回收再利用的标准和质量监管等方面的法规和政策都需要进一步完善

市场接受度挑战

市场上对于回收再利用的砖块的接受度较低。许多用户对其性能和质量有疑虑，这限制了其在建筑行业的应用

公众意识挑战

大部分人对于建筑砖块的回收再利用的重要性和可能性认识不足。这导致在建筑拆除过程中，往往没有充分利用这些可回收的资源

建筑结构材料可持续性的挑战

石材结构材料目前遇到的可持续性的挑战

技术挑战

石材的回收再利用需要一套精细的技术过程，包括石材的拆卸、分类、切割、研磨等步骤。这些技术在我国并不普遍，特别是对于大规模、系统的石材回收再利用项目

经济效益挑战

与新的石材相比，回收再利用的石材往往需要更高的成本。这主要是因为石材回收再利用的过程中需要额外的人力、物力和时间成本，比如石材的拆卸、运输、处理等

政策法规挑战

关于建筑石材回收再利用的政策法规尚不完善。例如，建筑拆除废弃物的处理、石材回收再利用的标准和质量监管等方面的法规和政策都需要进一步完善

市场接受度挑战

市场对于回收再利用的石材的接受度还相对较低。很多用户对回收石材的质量和性能存在疑虑，这限制了回收石材在市场上的应用

公众意识挑战

公众对于建筑石材回收再利用的重要性和可能性的认识还不够充分。这导致在建筑拆除过程中，往往没有充分利用这些可回收的资源

建筑玻璃结构材料目前遇到的可持续性的挑战

建筑结构材料可持续性的挑战

技术挑战

由于结构玻璃的特殊性（如安全玻璃、中空玻璃等），其回收再利用需要一套专业的技术和设备，这在我国并不普遍

经济效益挑战

结构玻璃的回收、处理和再利用的成本往往较高，特别是在运输和处理过程中的成本，这使得结构玻璃回收再利用的经济效益相对较低

政策法规挑战

对于结构玻璃的回收再利用，我国的政策法规尚不完善。例如，建筑拆除废弃物的处理、结构玻璃回收再利用的标准和质量监管等方面的法规和政策都需要进一步完善

市场接受度挑战

在市场上，许多用户对回收再利用的结构玻璃的性能和质量存在疑虑，这影响了其市场接受度

公众意识挑战

许多人并不清楚结构玻璃回收再利用的重要性和可能性，这影响了公众的参与和支持

2.3 如何低碳和可持续设计建筑结构材料

建筑结构材料低碳、可持续设计策略

设计可拆卸性
在建筑设计阶段考虑可拆卸性，例如采用可拆卸的结构连接件、预留拆卸接口等，以便在建筑废弃或改造时进行拆卸和回收

选择可再生、可回收材料
在选材时尽可能选择可再生、可回收的建筑材料，如木材、可回收玻璃、可回收金属等，以提高建筑结构材料的回收利用率和利用价值

优化结构设计
通过优化结构设计，减少材料浪费和余量，降低建筑材料的使用量，从而减少建筑废弃物的产生

使用预制组件
预制组件是在工厂中预制好的建筑构件，具有一定的标准化和可重复性，可以减少建筑现场的浪费和材料余量，同时方便回收和再利用

考虑可再生能源利用
在建筑设计中考虑可再生能源的利用，例如太阳能板、风力发电等，可以减少对传统能源的依赖，同时提高建筑的可持续性

低碳、可持续建筑结构材料

电弧炉钢材
（又称再生钢材、短流程钢材）
Electric Arc Furnace Steel

电弧炉钢是通过在电弧炉中将废钢和其他废金属熔炼成新钢的过程制成的。相较于传统的高炉生产方法，电弧炉生产钢材能够显著降低能耗和温室气体排放

可持续森林管理木材
Laminated Veneer Lumber，LVL

可持续森林管理木材（LVL）是一种工程木材，由多层薄木片在压力和热量作用下使用结构胶水粘合而成。LVL具有优异的强度和刚度，是一种可持续的建筑材料替代品。而使用认证的可持续森林管理木材可以帮助保护森林资源，减少环境破坏和碳排放

再生混凝土
Recycled Concrete

再生混凝土是通过回收和再利用拆除建筑物中的废弃混凝土、砖块或者其他类似废弃橡胶等其他适用的固体废弃物所制成的。这些固体废弃物可以作为新混凝土的骨料或原料使用，有助于减少自然资源的消耗和减少废弃物填埋

交叉层压木
Cross-Laminated Timber，CLT

交叉层压木是一种高强度的工程木材，由多层木板垂直交错粘合而成。CLT具有优异的结构性能和可持续性，可作为钢材和混凝土的替代品

竹基复合结构材料
（又称竹钢【商品名】）
Bamboo Composite Structural
Materials

竹基复合结构材料是一种利用竹纤维与其他材料（如树脂）结合制成的高强度复合材料。这种材料兼具竹子的可持续性和其他高性能材料的优点

自愈合混凝土
Self-Healing Concrete

自愈合混凝土是一种具有自我修复能力的混凝土。当混凝土出现裂缝时，混凝土中的微生物会被激活，与空气中的水和空气发生反应，产生矿物质沉积物填充裂缝，从而实现自我修复。这种混凝土有助于提高建筑物的耐久性和降低维护成本

地质聚合物混凝土
Geopolymer Concrete

地质聚合物混凝土是一种由地质聚合物胶凝材料和骨料组成的创新型混凝土。地质聚合物胶凝材料是通过无机矿物原料（如粉煤灰、矿渣等）在碱性活化剂作用下形成的硅酸盐和铝硅酸盐聚合物。地质聚合物混凝土具有优良的力学性能、耐久性和环境友好性

2.4　国内外低碳、可持续建筑结构材料应用

再生钢材、再生混凝土

伦敦奥运会主体育场

通过优化设计，该场馆是有史以来最轻的奥林匹克体育场，仅用了1万多吨钢材，
一般来说，相同规模的典型体育场可能用4万到10万吨钢材

该场馆的**70%**钢材均来自再生钢材
包括北海石油项目未使用的煤气管道
另外该体育场馆**40%**混凝土为再生混凝土

可持续森林管理木材（LVL）

LVL材料在麦考瑞大学孵化器项目中主要用于
建筑主体结构（柱子、梁、框架等），室内装
修（家具、隔断等）

麦考瑞大学孵化器

麦考瑞大学孵化器是澳大利亚麦考瑞（Macquarie）大学的一个项目，
旨在为初创企业和研究者提供一个协作和创新的环境

再生混凝土

该建筑的设计在可持续和健康方面达到了最高的标准：已获得LEED（能源与环境设计认证）和WELL（健康建筑认证）的双金级认证

全球领先的达能食品公司

全球领先的达能（Danone）食品公司在荷兰霍夫多普的新总部位于阿姆斯特丹大都会区的战略性位置，该建筑的设计致力于实现达能公司"One Planet. One Health"（同护地球、共享健康）的愿景，并在可持续和健康方面达到了最高的标准：项目已获得LEED和WELL的双金级认证。建筑结构采用了再生钢材和再生混凝土

该项目主要在建筑结构上采用了再生混凝土，如墙体、楼板和柱子等，这里的再生混凝土主要来自拆除的旧建筑，实现了资源的就地循环利用

交叉层压木（CLT）

这个项目采用了CLT作为其中的
一种重要建筑材料

瑞典 Gjuteriet 大楼

瑞典Gjuteriet大楼是一个位于瑞典马尔默市的历史建筑改造项目。这个项目采用了CLT作为其中的一种重要建筑材料。CLT在其中作为结构材料、内部装修材料来应用，这个项目展示了如何将现代建筑技术与传统建筑元素相结合，实现了环保与文化保护的平衡

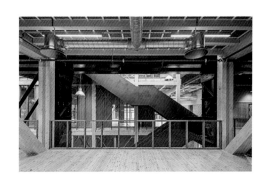

竹基复合结构材料

成都龙泉山城市森林公园丹景阁

成都龙泉山城市森林公园丹景阁位于成都龙泉山城市森林公园南段示范区内，是俯瞰东部新城的"最佳城市观景点"，用现代手法演绎中国传统楼阁形象

建筑主体高三十九米，共五层。檐廊和斜撑等主要
构件都是采用**竹木材料**，主体为钢结构，整个项
目的设计与建造均采用装配式

自愈合混凝土

这一应用提高了停车场地面的
耐用性，减少了维护成本

圣荷西国际机场

美国加州圣荷西国际机场的停车场项目采用了一种自愈合混凝土。
这种混凝土内部含有微胶囊，当裂缝发生时，微胶囊会破裂并释放
出修复剂，以填充和修复裂缝。这一应用提高了停车场地面的耐用
性，减少了维护成本

地质聚合物混凝土

澳大利亚昆士兰大学全球变化研究所

项目占地2万平方米，是一座四层楼的建筑，这座建筑其中有15%左右的建筑结构，包括地基、柱子、墙体等主要结构部位，都采用了这种不用水泥的混凝土

这个项目因为这一个材料的应用，
整体建筑**碳排放减少了74吨**

第 3 章

建筑砌体材料的低碳、可持续设计与应用

3.1 建筑砌体材料及其种类

建筑砌体材料是用于建筑墙体、墙柱等砌筑构件的材料。这些材料主要用于承受建筑物的重力荷载、风荷载和其他荷载，并具有保温、隔热、隔声、防火等功能。具体包括以下几种类型的材料：

——— 砖 ———	——— 混凝土砌块 ———
砖是一种最常用的砌体材料，按照原料和生产工艺的不同，可分为黏土砖、砂浆砖、石膏砖、高岭土砖等	混凝土砌块是由水泥、骨料和水按一定比例拌合制成的砌块，具有良好的承重能力和隔热性能。常见的混凝土砌块有实心混凝土砌块、空心混凝土砌块和加气混凝土砌块
——— 石材 ———	——— 砂浆 ———
石材是一种天然的砌体材料，如花岗石、大理石、砂岩等。石材具有高强度、耐磨、耐腐蚀等特点，但其成本较高	砂浆是一种由水泥、砂和水按一定比例拌合制成的粘结材料。砂浆可以作为砌筑砖、石等材料的粘合剂，也可以作为抹面、抹灰等饰面材料
——— 轻质砌体材料 ———	——— 新型砌体材料 ———
轻质砌体材料是一类质量轻、强度适中、隔热性能良好的砌体材料。常见的轻质砌体材料有轻骨料混凝土砌块、轻质陶瓷砌块、膨胀珍珠岩砌块等	随着科技的发展，越来越多的新型砌体材料应运而生，如建筑垃圾再生砖、绿色生态砖、泡沫混凝土砌块等。这些新型砌体材料在环保性能和功能性能上都有显著的优势

3.2 建筑砌体材料的环境影响和可持续性挑战

建筑砌体材料对环境的影响

建筑砌体材料对环境的影响主要体现在以下几个方面：

资源消耗
建筑砌体材料的生产过程需要大量消耗自然资源，如砂、石、黏土等。过度开采可能导致资源匮乏，破坏生态平衡

能源消耗
砌体材料的生产过程通常需要消耗大量能源，尤其是黏土砖、石材等。高能耗会导致化石能源短缺，加剧温室气体排放

空气污染
砌体材料生产过程中可能产生大量尘埃、废气等污染物，对空气质量造成影响。例如，砖瓦生产过程中燃烧化石燃料会产生二氧化硫、氮氧化物等有害气体

水污染
砌体材料生产过程中可能产生废水，如果未经处理直接排放，会对水质造成污染。如水泥生产过程中产生的废水含有一定量的有害物质

生态破坏
采石、开采黏土等砌体原料的过程中可能破坏生态环境，如土地沙漠化、生物多样性减少等

废弃物处理
建筑砌体材料的废弃物处理也可能对环境造成影响，如建筑垃圾未得到妥善处理，可能导致环境污染和资源浪费

砌体材料的性能
低性能的砌体材料可能导致建筑的隔热性能、隔声性能等不佳，从而影响建筑的能源消耗和室内环境舒适度

低碳和可持续建筑砌体材料

再生混凝土是一种由废弃混凝土经过处理和再加工后生产的环保型建筑材料。废弃混凝土主要来源于拆迁废料、建筑垃圾和工程废弃物。通过收集、破碎、筛分和混合再生骨料等步骤，制备成新的混凝土材料

再生混凝土

新型夯土墙体是在传统夯土墙体的基础上，通过引入现代技术和创新方法对其进行改进和优化的一种墙体结构。新型夯土墙体在保持夯土建筑的环保、节能等特点的同时，提高了建筑性能、施工效率和美观度

新型夯土

固碳混凝土砖是一种新型环保建筑材料，它通过将工业排放的二氧化碳（CO_2）收集回来与具有碱性的水泥浆体反应，实现二氧化碳的矿化封存，从而减少大气中的二氧化碳浓度的一种固碳材料

固碳混凝土砖

细菌砖是一种采用生物学方法生产的环保建筑材料。这种材料通过利用一种特殊的细菌来合成，这种细菌可以将普通的沙子和矿物质转化为一种类似于天然石头的材料。细菌砖的制造过程比传统的砖块制造过程更环保，因为它不需要使用高温烧制，也不会产生二氧化碳等有害气体。制造这种材料只需要将沙子、细菌和其他基础材料放在一起，在温度和湿度适宜的条件下，细菌就可以开始工作，将这些材料通过化学反应形成一种类似于天然石头的材料

细菌砖

3.4 国内外低碳、可持续建筑结构材料应用

再生砖

这个办公空间的骨架是由
再生的砖砌体结构建成的

墨尔本 CreativeCubes.Co 办公室

墨尔本CreativeCubes.Co办公室是一个对视觉、敏感度和创造力有着极高要求的空间

工业大麻混凝土

剑桥郡零碳住宅

位于马金特农场，剑桥郡的一个种植工业
大麻的农场。这是一个碳排放极低的建筑

主要材料为工业大麻和石灰的混合物制成的预制板

细菌砖

某示范项目

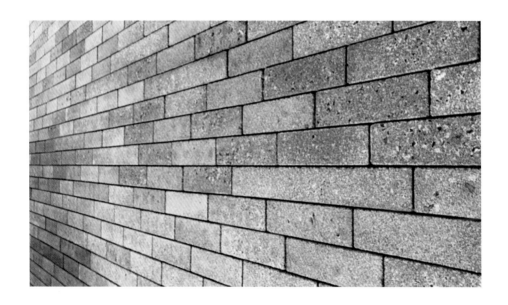

再生混凝土

回收的混凝土立方块被用于**桌子
基座、餐厅吧台**正立面等

伦敦伯蒙兹洛克
（Bermonds Locke）
公寓酒店

伦敦Bermonds Locke公寓酒店的设计以材料再利用为基础，利用了多种回收建筑废料打造出包含单人开间、酒吧、餐厅、联合办公、健身房和瑜伽室等多种空间的使用体验

新型夯土

成都邛窑考古遗址公园建筑 / 艺术创新实验室

成都邛窑考古遗址公园建筑/艺术创新实验室是用传统材料建造的一个现代的实验空间。在这个建筑中，大部分的结构构件被设计成小框筒，抵抗来自任何方向的水平力，这个平面可以被视作一类结构圆形"框筒抗剪+自由平面"，适用于大多数的乡村公共空间的建造

这个空间的新型夯土材料可以在
地震8度设防区使用

固碳混凝土砖

香港 O'PARK 二期

这个项目建设的目的是厨余垃圾的资源回收再利用

建造过程采用了很多低碳、环保的技术，
固碳混凝土砖就是其中的一个

第 4 章

建筑隔热和保温材料的低碳、可持续设计与应用

4.1　建筑隔热和保温材料及其种类

　　建筑保温材料是一种应用于建筑物外墙、屋顶、地面等部位，用于保温和隔热的材料。根据材料的性质和结构，建筑保温材料可以分为以下几类：

4.2 建筑隔热和保温材料的环境影响和可持续性挑战

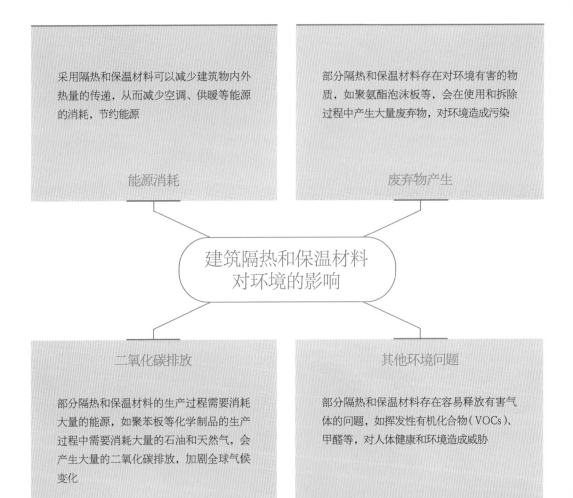

采用隔热和保温材料可以减少建筑物内外热量的传递，从而减少空调、供暖等能源的消耗，节约能源

能源消耗

部分隔热和保温材料存在对环境有害的物质，如聚氨酯泡沫板等，会在使用和拆除过程中产生大量废弃物，对环境造成污染

废弃物产生

建筑隔热和保温材料对环境的影响

二氧化碳排放

部分隔热和保温材料的生产过程需要消耗大量的能源，如聚苯板等化学制品的生产过程中需要消耗大量的石油和天然气，会产生大量的二氧化碳排放，加剧全球气候变化

其他环境问题

部分隔热和保温材料存在容易释放有害气体的问题，如挥发性有机化合物（VOCs）、甲醛等，对人体健康和环境造成威胁

$$\boxed{\text{建筑隔热和保温材料可持续性的挑战}}$$

膨胀珍珠岩保温材料目前遇到的可持续性的挑战

膨胀珍珠岩（Expanded Polystyrene）是一种常用的保温材料，但它确实存在难以回收再利用和降解的问题。以下是造成这些问题的一些原因：

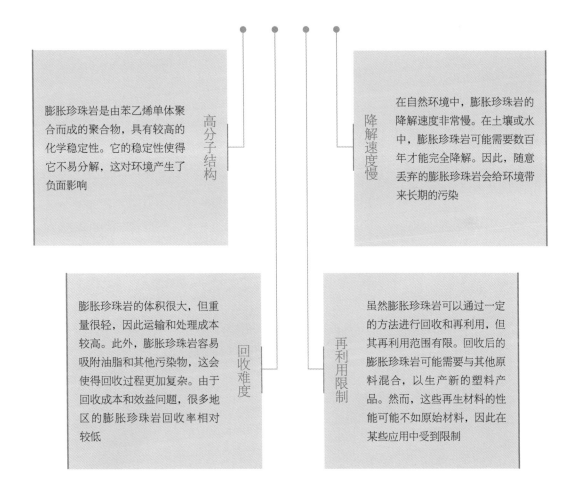

膨胀珍珠岩是由苯乙烯单体聚合而成的聚合物，具有较高的化学稳定性。它的稳定性使得它不易分解，这对环境产生了负面影响

高分子结构

在自然环境中，膨胀珍珠岩的降解速度非常慢。在土壤或水中，膨胀珍珠岩可能需要数百年才能完全降解。因此，随意丢弃的膨胀珍珠岩会给环境带来长期的污染

降解速度慢

膨胀珍珠岩的体积很大，但重量很轻，因此运输和处理成本较高。此外，膨胀珍珠岩容易吸附油脂和其他污染物，这会使得回收过程更加复杂。由于回收成本和效益问题，很多地区的膨胀珍珠岩回收率相对较低

回收难度

虽然膨胀珍珠岩可以通过一定的方法进行回收和再利用，但其再利用范围有限。回收后的膨胀珍珠岩可能需要与其他原料混合，以生产新的塑料产品。然而，这些再生材料的性能可能不如原始材料，因此在某些应用中受到限制

再利用限制

建筑隔热和保温材料可持续性的挑战

聚氨酯泡沫保温材料目前遇到的可持续性的挑战

聚氨酯泡沫（Polyurethane Foam，简称PUF）是一种由异氰酸酯（Isocyanate）和多元醇（Polyol）在催化剂的作用下反应生成的高分子材料。在这个反应过程中，会产生大量的气体，形成微小的气泡，使得聚氨酯变成了泡沫状，因此叫做聚氨酯泡沫

聚合物结构

聚氨酯泡沫是由异氰酸酯和多元醇聚合而成的一种热固性塑料。其分子链之间形成了稠密的交联结构，这种结构使得聚氨酯泡沫具有很高的热稳定性和化学稳定性。这种稳定性在一定程度上导致聚氨酯泡沫难以回收再利用和降解

降解速度慢

虽然聚氨酯泡沫在自然环境中会受到光、热、微生物等因素的影响而发生降解，但其降解速度非常慢。在自然环境中，聚氨酯泡沫可能需要数十年甚至上百年才能完全降解

回收处理难度

聚氨酯泡沫保温材料的回收处理过程相对复杂，需要经过破碎、溶解、过滤等步骤才能将其转化为可再利用的原料。然而，这个过程中可能产生有毒物质，如氰化物和异氰酸酯，对环境和人体健康造成潜在威胁

经济性问题

聚氨酯泡沫的回收再利用成本较高，与生产新的聚氨酯泡沫材料相比，经济效益较低。这使得聚氨酯泡沫的回收再利用市场受到限制，进一步加大了其难以回收的问题

建筑隔热和保温材料可持续性的挑战

岩棉保温材料目前遇到的可持续性的挑战

岩棉是一种常用的保温和隔热材料，由天然矿物（如玄武岩和石灰石）经高温熔融后喷吹成纤维状结构制成。尽管岩棉具有优良的保温和隔热性能，但其难以回收再利用和降解确实存在一些问题

结构特点

岩棉的纤维状结构使其具有很好的保温隔热性能，但这种结构也导致了其回收和再利用过程中的困难。岩棉在使用过程中可能会受到压缩、变形和老化，导致性能下降，不适合直接再利用

回收成本

回收岩棉涉及拆卸、运输和处理等环节。这些环节的成本可能很高，而且岩棉的市场需求相对较小，回收再利用经济效益有限，导致很多地区没有建立起完善的岩棉回收体系

再利用限制

虽然可以通过一定的处理方法将岩棉纤维重新整理成新的保温材料，但其性能可能不如新的岩棉。此外，回收过程中可能会导致纤维损伤，影响再生材料的性能。因此，在某些应用中，再生岩棉的使用受到限制

降解性

岩棉的主要成分是矿物纤维，具有较高的化学稳定性，因此在自然环境中很难降解。虽然岩棉的环境影响相对较小，但长期积累仍会对环境造成一定的负担

4.3 如何低碳和可持续设计建筑隔热和保温材料

低碳和可持续建筑隔热和保温材料的设计策略

选择可持续材料
选择那些生产过程中碳排放较少、可再生、可回收和/或可生物降解的保温材料。例如，羊毛、木纤维、膨胀珍珠岩和再生塑料等

利用本地材料
尽可能地使用本地材料可以减少运输过程中的碳排放

优化设计
通过优化建筑设计，如改善建筑的方向、形状和布局，可以减少对保温材料的需求，从而减少材料的使用和浪费

提高能源效率
尽可能地提高建筑的能源效率，比如通过提高保温性能和隔热性能，或通过利用太阳能、地热能等可再生能源，可以减少对化石能源的依赖，从而降低碳排放

生命周期评估
考虑材料的整个生命周期，包括生产、使用和废弃阶段的环境影响。选择在整个生命周期中对环境影响较小的材料

健康和安全
考虑材料对人体健康和环境安全的影响，避免使用那些可能产生有害物质或对环境有害的材料

持续性
考虑材料的耐用性和长期性能。选择能够在长期使用中保持良好性能的材料，可以减少更换材料的需要，从而减少材料的消耗和碳排放

低碳和可持续建筑隔热和保温材料

生物质绝缘材料

生物质保温和隔热材料是以植物纤维、秸秆、木屑、蔗渣等为原材料，经过加工和处理后制成的材料，具有良好的隔热、保温、吸声、防火等性能。常见的生物质保温和隔热材料包括以下五种：

○玉米芯、稻壳、麻杆等植物秸秆材料制成的秸秆板
○麻、棉、亚麻等天然植物纤维制成的植物纤维板
○植物纤维和生物基聚合物材料，如生物基聚酯材料

○木屑、竹子、麻、蔗渣等材料制成的生物质颗粒板
○菌丝体材料，如菌丝板、菌丝砖等

再生纤维绝缘材料

再生纤维建筑保温和隔热材料是指利用再生纤维制作的具有隔热和保温功能的建筑材料。再生纤维材料通常是通过回收废弃纺织品、纸张、塑料等再生材料加工而成，具有环保和可持续的特点。再生纤维建筑保温和隔热材料主要有以下几种类型：

再生纤维板
利用回收的纤维材料经过加工成型制作而成的板状材料，具有较好的保温隔热性能和防火性能

再生纤维颗粒
利用再生纤维加工制成的小颗粒状材料，可以用于填充建筑墙体、屋顶、地板等部位，提高其保温隔热性能

再生纤维毡
利用再生纤维加工制作的毡状材料，可以用于建筑墙体、屋顶等部位的保温隔热

再生纤维喷涂材料
利用再生纤维加工制成的颗粒状材料与其他材料混合后，通过喷涂的方式涂覆在建筑墙体、屋顶等部位，提高其保温隔热性能

生物基发泡塑料隔热材料

生物基塑料发泡隔热材料是指以可再生的生物质为原料制造的隔热材料。其主要特点是具有较高的隔热性能和较低的环境影响，同时还具有可再生、可降解等特点，可以有效降低建筑能耗和对环境的影响。常见的生物基塑料建筑隔热材料包括以下三种：

玉米淀粉发泡材料
以玉米淀粉为主要原料，通过发泡制成的一种轻质隔热材料，可以替代传统的聚苯乙烯泡沫材料

纤维素隔热材料
以纤维素为主要原料，经过化学处理和改性后制成的一种高效隔热材料，可以替代传统的矿物棉和玻璃棉材料

生物基聚酯泡沫材料
以植物油脂、淀粉等生物质为主要原料，通过化学反应制成的一种发泡材料，可以替代传统的聚氨酯泡沫材料

4.4 国内外低碳、可持续建筑隔热和保温材料应用

亚麻保温材料

德国 Haus Stein 住宅改造项目

德国Haus Stein住宅改造项目是一栋19世纪30年代的谷仓改造而成的度假房

该建筑中尽可能地使用了可持续材料，包括

黏土墙、亚麻屋顶保温材料等

再生牛仔纤维保温材料

这种保温材料既**解决了废弃牛仔布的处理问题**，又提供了一种具有良好保温性能和环保特点的建筑材料

再生牛仔纤维保温材料

再生牛仔纤维保温材料是一种创新型环保材料，它主要是通过回收和再加工废弃的牛仔布料制成。虽然再生牛仔纤维保温材料在建筑行业的应用尚处于起步阶段，但已经有一些创新型的建筑在尝试使用这种材料

菌丝体保温材料

这种材料具有优良的**保温性能、低碳排放**和环保特点

菌丝体保温材料

菌丝体保温材料是一种由菌类生物制成的可持续、可生物降解的保温材料。这种材料具有优良的保温性能、低碳排放和环保特点，因此在绿色建筑领域具有广泛的应用前景

第 5 章

建筑防水材料的低碳、可持续设计与应用

5.1 建筑防水材料及其种类

建筑防水材料是一种用于防止建筑物结构、构件及其内部材料受到水的侵害和损坏的材料。常见的建筑防水材料有以下几种分类：

沥青防水材料　由石油沥青、添加剂、填料等组成，有良好的防水性能和粘结性能，但使用中易老化、变形和开裂

由合成橡胶、丁基橡胶、聚氨酯等材料制成，具有优异的弹性、抗老化、耐腐蚀性能，适用于基础层、屋顶和地下室等区域的防水　弹性体防水材料

高分子防水材料　由聚合物和各种助剂组成，具有优异的耐久性、耐酸碱性和耐候性，广泛应用于建筑屋面、地下室、隧道和桥梁等区域的防水

由丙烯酸树脂、聚氨酯、硅酸盐等粘合剂制成，具有优异的粘结性能和耐水性，适用于屋面、墙体和地下室等区域的防水　粘合剂类防水材料

水泥基防水材料　由水泥、石英砂、添加剂等组成，具有良好的耐水性和抗渗性能，适用于水池、污水处理厂等区域的防水

如高分子改性沥青、改性聚氨酯、无机硅酸盐等，具有耐候性好、施工方便、使用寿命长等优点，逐渐得到广泛应用　新型防水材料

5.2 建筑防水材料的环境影响和可持续性挑战

建筑防水材料的生产需要使用大量化学物质，例如氯化聚乙烯、聚氯乙烯等，这些物质对环境具有一定的污染性

建筑防水材料在使用过程中，可能会因为老化、破损等原因导致渗漏和排放，其中可能包含一些有害物质，如苯、甲苯、二甲苯等挥发性有机物，对环境和人体健康造成潜在风险

建筑防水材料在使用寿命结束后需要进行处理，但其本身具有一定的难降解性，处理过程可能会对环境造成负面影响

生产过程中的污染

使用过程中的排放

废弃材料的处理

建筑防水材料对环境的影响

建筑防水材料可持续性的挑战

沥青防水材料目前遇到的可持续性的挑战

沥青防水材料通常由石油制品制成，具有难以降解的性质，因此难以循环利用

化学稳定性

沥青防水材料主要由石油提炼过程中的残余物和添加剂组成，具有较高的化学稳定性。这种稳定性使得沥青材料在自然环境中难以分解和降解

不易分离

在建筑拆除过程中，沥青防水材料通常与其他建筑材料紧密结合，如混凝土、砖块等。这使得沥青材料难以分离和回收

熔点较高

沥青防水材料的熔点较高，回收过程需要消耗大量能源。这导致回收沥青防水材料的经济和能源效益较低

含有有害物质

沥青防水材料中可能含有有害物质，如重金属、多环芳烃等。这些有害物质在材料降解过程中可能会释放到环境中，对生态系统产生负面影响

回收设施有限

由于沥青防水材料回收过程中存在的技术和经济难题，专门回收和处理这类材料的设施相对较少。这限制了沥青防水材料的回收和再利用

建筑防水材料可持续性的挑战

聚氨酯防水材料目前遇到的可持续性的挑战

聚氨酯防水材料具有较强的耐化学性和耐酸碱性，因此难以降解和循环利用

高分子结构

聚氨酯防水材料由高分子聚合物构成，这种结构具有较高的化学稳定性和耐候性，使得聚氨酯材料在自然环境中难以分解和降解

物理性质

聚氨酯防水材料通常具有良好的粘附性和弹性，这使得它们在建筑拆除过程中难以与其他建筑材料分离，进而限制了回收利用的可能性

回收技术有限

回收聚氨酯防水材料的技术相对复杂，需要特殊的设备和处理方法。目前，市场上还缺乏成熟的回收技术和设施，这使得聚氨酯防水材料的回收再利用面临挑战

能源消耗

聚氨酯防水材料回收过程中可能需要消耗大量能源，这会降低回收利用的经济性和环保性

含有有害物质

聚氨酯防水材料中可能含有有害物质，如异氰酸酯、甲苯、二甲苯等。这些物质在废弃物处理过程中可能对环境和人体健康产生负面影响

建筑防水材料可持续性的挑战

PVC 防水材料目前遇到的可持续性的挑战

PVC防水材料是一种塑料制品，含有有毒物质，难以降解和循环利用，对环境和人体健康造成潜在威胁

高分子结构

PVC是一种高分子聚合物，具有较高的化学稳定性，这使得它在自然环境中难以分解和降解

回收难度

由于PVC防水材料在建筑中通常与其他材料紧密结合，回收过程中需要将它们分离，这增加了回收的难度和成本

回收技术限制

虽然有一定的PVC回收技术，但这些技术仍然存在局限性，如回收过程中产生的有毒物质处理问题、能源消耗较大等

含有有害物质

PVC防水材料中可能含有有害物质，如增塑剂、重金属等。在废弃物处理过程中，这些物质可能对环境和人体健康产生负面影响

燃烧产生有毒气体

当PVC防水材料被燃烧时，会释放出有毒的氯化氢气体，对环境和人体健康造成危害

建筑防水材料可持续性的挑战

水泥基防水材料目前遇到的可持续性的挑战

水泥基防水材料是一种以水泥为主要原料，加入一定比例的活性物质和矿物填料等成分，经混合均匀后形成的防水材料。例如水泥砂浆、水泥防水涂料等，这些材料难以回收和再利用，同时在施工过程中也会产生大量废弃物

高分子结构

水泥基防水材料中的水泥成分具有高分子结构，这使得它在自然环境中难以分解和降解

回收难度

水泥基防水材料在建筑中通常与其他材料紧密结合，如混凝土、砖等。这使得水泥基防水材料的回收过程变得复杂，需要将它们从其他材料中分离，增加了回收的难度和成本

回收技术限制

虽然有一定的水泥基防水材料回收技术，但这些技术仍然存在局限性，如能源消耗较大、回收过程中产生的碳排放等

碳排放

水泥生产过程中会产生大量的二氧化碳排放，对环境造成负担。此外，回收过程中可能会产生新的碳排放

5.3 如何低碳和可持续设计建筑防水材料

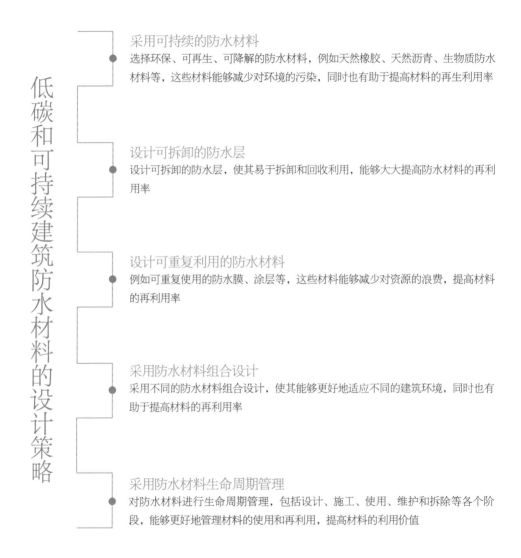

低碳和可持续建筑防水材料的设计策略

采用可持续的防水材料
选择环保、可再生、可降解的防水材料，例如天然橡胶、天然沥青、生物质防水材料等，这些材料能够减少对环境的污染，同时也有助于提高材料的再生利用率

设计可拆卸的防水层
设计可拆卸的防水层，使其易于拆卸和回收利用，能够大大提高防水材料的再利用率

设计可重复利用的防水材料
例如可重复使用的防水膜、涂层等，这些材料能够减少对资源的浪费，提高材料的再利用率

采用防水材料组合设计
采用不同的防水材料组合设计，使其能够更好地适应不同的建筑环境，同时也有助于提高材料的再利用率

采用防水材料生命周期管理
对防水材料进行生命周期管理，包括设计、施工、使用、维护和拆除等各个阶段，能够更好地管理材料的使用和再利用，提高材料的利用价值

需要注意的是，提高防水材料的循环利用率和利用价值是建筑可持续发展的重要方向。在设计防水系统时，需要考虑材料的环保性、可再生性、可降解性等因素，优先选择对环境友好、可循环利用的材料，并采用合理的设计策略，能够大大提高防水材料的循环利用率和利用价值

低碳和可持续建筑防水材料

低碳和可持续建筑防水材料是指在防水性能优秀的同时，具备较低的碳排放和环境影响，以减少环境的负担并促进可持续发展的材料。以下是一些低碳和可持续建筑防水材料的示例

生物基防水涂料

生物基防水涂料是一种以植物基原料或可再生材料为主要成分的防水涂料，具有较低的环境影响和更好的可持续性。以下是一些常见的生物基防水涂料

植物油涂料

这类防水涂料使用植物油作为基础材料，如亚麻籽油、葵花籽油、大豆油等。它们不含有害溶剂和挥发性有机化合物（VOCs），是一种环保的选择

纤维素涂料

这种防水涂料使用纤维素作为主要成分，可以是来自植物纤维的纤维素，如竹纤维、木纤维等。纤维素涂料具有良好的防水性能和环保特性

植物树脂涂料

这类涂料使用植物树脂作为基础材料，如植物胶、天然树脂等。植物树脂涂料可以提供优异的防水性能，并且对环境友好

水性乳胶涂料

水性乳胶涂料通常采用水为溶剂，以及植物基乳胶作为主要成分。这些涂料具有低VOCs排放、易于清洁和施工的优点

植物粘合剂

植物粘合剂是一种由植物基材料制成的粘合剂，可以用于防水层的粘接。它们通常采用天然植物胶、木材素等，具有较低的环境影响

生物基防水涂料通常具有良好的可持续性和生物降解性能，可降低VOCs排放和对有害化学物质的依赖。它们可以应用于建筑物的屋面、墙面、地下室等防水保护，提供环保、可持续的解决方案。在选择和使用时，建议关注产品的环保认证和相关标志，确保其符合可持续性要求

低碳和可持续建筑防水材料

聚合物膜

许多聚合物膜，如聚乙烯（PE）、聚丙烯（PP）等，具有可回收性。这些材料在拆除或翻新建筑时可以回收并进行再利用

聚合物改性沥青

某些聚合物改性沥青（PMA）属于可回收材料。这些材料在拆除或替换建筑防水时可以回收再利用

可回收的防水材料

一些可回收的常见防水材料

金属防水层如铝板、铜板和锌板等，具有较高的回收价值。这些材料可以回收并再次加工为新的建筑产品

金属防水层

玻璃纤维防水膜具有良好的回收性，因为它们主要由可回收的玻璃纤维组成。这些材料可以回收并进行再利用

玻璃纤维防水膜

柔性热塑性聚合物（TPO）膜

某些类型的TPO膜具有可回收性。在拆除或更换时，这些材料可以回收并用于再制造

低碳和可持续建筑防水材料

可降解防水膜

可降解防水材料是指在特定条件下能够自然降解的防水材料，有助于减少对环境的负面影响。以下是一些常见的可降解防水材料

生物可降解塑料

生物可降解塑料是由可再生资源或生物基原料制成的塑料，具有较高的降解性能。这些塑料可以在特定环境条件下被微生物分解和降解，减少塑料废物对环境的影响

淀粉基防水材料

淀粉基防水材料是以淀粉为主要成分制成的防水材料，具有良好的降解性能。在适当的条件下，淀粉基材料可以被水解酶分解为可降解的产物

纤维素基防水材料

纤维素基防水材料是利用纤维素作为主要成分制成的防水材料。纤维素具有较高的可降解性，可以在特定条件下被微生物降解

可降解涂料

可降解涂料是一种在特定环境条件下能够自然降解的防水涂料。这些涂料通常使用可降解的树脂和添加剂制成，具有良好的环境适应性和降解性能

可降解纤维防水材料

可降解纤维防水材料采用可降解的纤维材料制成，如可降解纺织品和可降解纤维板。这些材料可以在特定条件下自然降解，并减少对环境的影响

5.4　国内外低碳、可持续建筑防水材料应用

生物基聚氨酯屋面防水材料

福特体育场

福特体育场改造中，圆形屋顶系统使用了
生物基聚氨酯防水涂料

这种防水涂料采用了**70%的生物基材料**，这个项目充分展示了生物基防水材料在实际应用中的优势

可回收防水膜

捷克 Dolní Břežany 体育馆

捷克Dolní Břežany体育馆坐落在城市中心开发区的一处开阔场地的边缘，体育馆圆形的屋顶上覆的就是可以回收的TPO防水膜。TPO防水膜是一种热塑性聚烯烃（Thermoplastic Polyolefin）防水材料，由聚丙烯（PP）和聚乙烯（PE）等烯烃聚合物为基本原料，通过共聚合、填充、稳定剂、抗氧化剂等添加剂加工而成，TPO防水膜在建筑领域被广泛应用

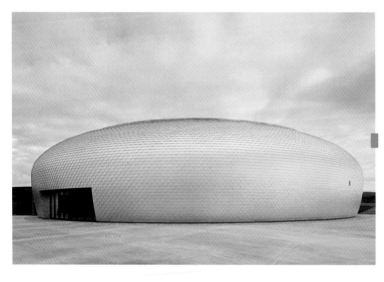

▌ TPO防水膜

橡胶再生防水材料

托卢卡国际机场

在墨西哥，4000万个旧轮胎中只有约12%被回收。大多数最终将进入垃圾填埋场、屋顶、家庭花园或街道、海洋、河流和森林。轮胎不可生物降解，坚固耐用，经得起时间的考验，因此将占据大量的垃圾填埋场空间

托卢卡国际机场采用的就是

从旧轮胎中开发出一种橡胶基防水膜

无机纳米抗渗剂

美国某博物馆

美国某博物馆采用的就是无机纳米抗裂防渗剂。这种防水材料是掺入混凝土中，避免混凝土收缩开裂，提高抗拉强度，以及在混凝土外面喷涂，通过密封混凝土结构，当结晶物遇水产生新的结晶继续密封，使得混凝土结构自身具备防水性能

避免混凝土收缩开裂，
提高抗拉强度

第 6 章

建筑装饰材料的低碳、可持续设计与应用

6.1 建筑装饰材料及其种类

建筑装饰材料是用于装修建筑物内外部以提升美观性和舒适度的材料。装饰材料的种类很多，这里主要介绍的是室内的装饰材料，包括瓷砖、壁纸、油漆、木材、石材、玻璃等，每种材料都有其独特的特点和用途。这些材料不仅可以增加建筑物的美观度，还可以增加建筑物的耐久性和舒适度

————— 以下是一些常见的饰面材料的分类 —————

瓷砖

瓷砖是一种常见的装饰材料，广泛应用于厨房、卫生间和地面。瓷砖有多种颜色、纹理和尺寸，可以满足各种设计需求

壁纸

壁纸是一种用于墙面装饰的材料，可以提供各种颜色、图案和纹理。壁纸可以增加房间的温馨感和个性化

油漆

油漆是一种常见的墙面和天花板装饰材料。油漆有各种颜色和光泽度，可以根据个人喜好和设计需求进行选择

木材

木材是一种自然的装饰材料，常用于地板、门窗和家具。木材有各种类型，如橡木、松木、胡桃木等，每种木材都有其独特的颜色和纹理

石材

石材是一种耐用的装饰材料，常用于墙面、地板和台面。石材有各种类型，如大理石、花岗岩、石英石等

玻璃

玻璃是一种用于门窗和墙面的装饰材料。玻璃可以提供透明度和反射性，增加房间的明亮感和空间感

6.2　建筑装饰材料的环境影响和可持续性挑战

建筑装饰材料对环境的影响

资源消耗

建筑装饰材料的生产和使用需要大量的自然资源，如水、石材、木材、矿物资源等。这些资源的过度开采可能导致生态环境破坏、资源枯竭以及生物多样性丧失等问题

能源消耗与碳排放

建筑装饰材料的生产、运输和施工过程中需要消耗大量能源，如电力、燃料等。能源的消耗和生产过程中产生的废气排放会加剧全球气候变化问题

污染物排放

建筑装饰材料的生产、运输和施工过程中会产生大量的废弃物、废水和废气。这些污染物排放可能导致土壤污染、水体污染、空气污染以及生态系统破坏等环境问题

生态破坏

建筑装饰材料的开采、生产和施工活动可能对自然生态系统造成破坏，包括森林破坏、水土流失、地貌改变、生物栖息地丧失等

室内环境质量

部分建筑装饰材料在使用过程中可能会释放有害物质，如甲醛、苯、挥发性有机化合物（VOCs）等。这些有害物质可能对人体健康产生危害，降低室内环境质量

废弃物处理

建筑装饰材料在使用寿命结束后会变成废弃物。如何处理这些废弃物，防止对环境造成二次污染，是一个亟待解决的问题

建筑装饰材料可持续性的挑战

木材目前遇到的可持续性的挑战

尽管木材是一种可再生资源，在建筑领域有许多优点，如自然美观、易于加工、可吸收二氧化碳等，但其可持续性仍然面临一些挑战，主要包括以下几点：

森林资源管理

木材的生产需要大量森林资源。不可持续的森林管理和过度采伐可能导致森林破坏、生物多样性减少和碳排放增加。合理的森林管理和认证体系（如FSC认证）对于确保木材的可持续性至关重要

长生命周期

木材生长周期较长，一些树种需要几十年甚至上百年才能达到可供采伐的状态。这意味着木材的生产速度受到限制，可能无法满足日益增长的建筑需求

耐久性和维护

木材在某些环境条件下可能会受到生物（如昆虫、真菌）和非生物因素（如潮湿、紫外线）的影响，导致腐烂、变形等问题。因此，木材需要更多的维护和保护措施以延长其使用寿命，增加了成本和环境影响

防火性能

木材的防火性能相对较差，尤其是在大型建筑中，火灾风险较高。虽然可以采用防火处理和设计措施来提高木材的防火性能，但这可能增加成本和环境负担

能源消耗和碳排放

虽然木材具有较低的碳足迹，但其生产、运输和处理过程仍会产生能源消耗和碳排放。因此，需要关注木材生产全过程的环境影响

石材目前遇到的可持续性的挑战

石材在建筑领域中有着广泛应用，如地面铺设、墙面覆盖、装饰等。虽然石材具有很高的耐久性和自然美感，但其可持续性仍然面临一些挑战，主要包括以下几点：

非可再生资源

石材属于非可再生资源，一旦开采和消耗，无法再生。随着建筑行业的不断发展，石材资源的供应可能会受到限制，导致资源枯竭

开采过程中的环境破坏

石材的开采往往伴随着对环境的破坏，包括山体破坏、土地破坏、生物多样性减少、水资源污染等。此外，采矿过程中产生的废弃物和尘埃也会对环境造成负担

能源消耗和碳排放

石材的加工、运输和安装过程需要大量的能源消耗，从而产生较高的碳排放。尤其是石材加工过程中，大量的切割、抛光等工序会产生能源消耗和废弃物

废弃石材处理

在建筑拆除或翻新过程中，会产生大量废弃石材。处理这些废弃石材需要花费额外的资源和费用，而且很多废弃石材难以再次利用

陶瓷和瓷砖材料目前遇到的可持续性的挑战

在建筑领域中广泛应用，如地面铺设、墙面覆盖、卫生间装修等。尽管陶瓷和瓷砖具有良好的耐磨性、防水性和美观性，但它们在可持续性方面仍然面临一些挑战，主要包括以下几点：

能源消耗

陶瓷和瓷砖的生产过程需要大量的能源，尤其是在高温烧制过程中。高能耗导致较大的碳排放，对环境造成负担

原材料开采

陶瓷和瓷砖的生产需要开采大量的黏土、长石、石英等非可再生资源。这些资源的开采可能导致土地破坏、生态系统破坏和资源枯竭等问题

废弃陶瓷瓷砖处理

在建筑拆除或翻新过程中，会产生大量废弃的陶瓷和瓷砖。这些废弃材料很难被再次利用，处理起来耗费资源，同时占用土地

有害物质排放

在陶瓷和瓷砖生产过程中，可能会产生一定量的废水、废气和废渣，其中可能含有有害物质。这些有害物质排放到环境中，可能对生态系统和人类健康产生影响

涂料目前遇到的可持续性的挑战

在建筑领域中有广泛应用，如室内外墙面、装饰、保护建筑等。虽然涂料能提升建筑的美观性和保护性，但在可持续性方面仍面临一些挑战，主要包括以下几点：

有害物质含量

部分涂料中可能含有挥发性有机化合物（VOCs）、重金属、甲醛等有害物质。这些物质在涂料施工和使用过程中可能释放到环境中，对人体健康和生态环境造成影响

能源消耗和碳排放

涂料的生产过程需要消耗能源，如电力、化石燃料等。能源消耗导致碳排放，对环境造成负担

废弃涂料处理

在建筑拆除或翻新过程中，会产生大量废弃的涂料。处理这些废弃涂料需要花费额外的资源和费用，而且废弃涂料可能对土壤和水资源产生污染

生产过程中的废水、废气和废渣

涂料生产过程可能产生废水、废气和废渣，其中可能含有有害物质。这些废物排放到环境中，可能对生态系统和人类健康产生影响

塑料建材目前遇到的可持续性的挑战

在建筑领域的应用广泛，如管道、门窗、墙板、隔热材料等。尽管塑料建材具有轻质、耐用、易加工等优点，但在可持续性方面仍面临挑战，主要包括以下几点：

不可降解性

大多数塑料建材是由化石燃料生产的，具有很强的稳定性和抗降解性。当这些材料在建筑拆除后进入废弃物处理系统时，它们很难被自然降解，可能长期存在于环境中，对生态系统造成潜在影响

回收难度大

塑料建材的回收再利用存在诸多挑战，例如材料分散、分类困难、回收成本高等。这使得大量塑料建材无法得到有效回收，成为环境污染的源头

有害物质释放

部分塑料建材在生产、使用或处置过程中可能释放有害物质，如挥发性有机化合物（VOCs）、重金属、塑化剂等，对人体健康和环境造成潜在危害

能源消耗和碳排放

塑料建材的生产过程需要大量化石燃料，会导致能源消耗和碳排放增加，对环境造成压力

6.3　如何低碳和可持续设计建筑装饰材料

低碳和可持续建筑装饰材料设计策略

在设计过程中，尽量选择具有低碳、环保、可再生特性的建筑装饰材料，例如竹材、再生木材、生物降解塑料、水性涂料等

选用环保材料

优化设计方案，降低建筑物的能耗，提高建筑物的整体能效。例如，通过提高建筑物的保温性能、合理布局空间等方式实现节能

高效节能设计

在设计阶段，进行材料的生命周期评估（LCA），全面了解其从生产到废弃全过程中对环境的影响，有助于做出更环保、可持续的决策

考虑材料的生命周期

鼓励在设计中使用回收、再利用的建筑装饰材料，以减少新资源消耗和废弃物产生

利用循环再生材料

采用模块化、可拆卸、可重复利用的设计理念，方便在建筑物改造或拆除时，尽量减少材料浪费

灵活性与可拆卸设计

尽量选用本地建筑装饰材料，减少运输距离，降低运输过程中的能耗和碳排放

本地资源利用

关注建筑装饰材料对室内环境质量的影响，选择低污染、低VOCs的材料，以提高室内空气质量，保障人体健康

注重室内环境质量

在设计中融入绿色植被，如绿墙、屋顶花园等，以提高建筑物的绿化率，改善室内外环境

绿色植被融入设计

需要注意的是，提高装饰材料的循环利用率和利用价值，需要建立健全回收体系，通过技术创新和设计优化，推动装饰材料的可持续发展，减少废弃材料的产生，为建筑行业的可持续发展贡献力量

低碳、可持续建筑装饰材料

生物基涂料是以可再生生物材料为主要成分的涂料。它通常采用植物油、树脂和天然颜料等天然原材料制成，不含有害化学物质，是一种低碳、可持续的室内涂料

相比于传统的油漆涂料，生物基涂料的环境影响更小。它们通常具有更低的挥发性有机化合物（VOCs）含量，能够降低室内空气污染和对人体健康的影响。同时，生物基涂料具有较好的防水、防火、抗菌等性能，能够满足室内装饰的基本需求

生物基涂料在近年来逐渐得到广泛应用，已经成为室内装饰中的低碳、可持续的涂料选择之一

生物基涂料

来自拆除的建筑物或废弃的家具等来源的再生木材，经过处理和再利用，或者是来自严格管理和认证的可持续森林管理的木材，确保了可以把对生态系统的影响降到最低

再生木材、可持续森林管理木材

废弃玻璃再生石

回收玻璃再生石，也称再生玻璃骨料，是通过将废旧玻璃熔融成玻璃块，再经过粉碎、筛分等工艺处理制成的一种石材类再生建材

回收玻璃再生石的特点是颜色多样，硬度高，结构紧密，耐磨损、耐压、耐冲击，且不会变形或开裂，同时它的比重较小，便于搬运和施工。与天然石材相比，回收玻璃再生石具有更加环保和可持续的优势，因为它可以减少对天然石材的开采和消耗，同时也减少了废弃玻璃对环境的影响

竹材及竹木纤维复合材料

竹材是一种天然生物质材料，具有生长速度快、资源丰富、可再生利用等优点。竹材可以用于室内外建筑装修、家具、地板、墙板、屏风、盖面等方面

竹木纤维复合材料是一种新型的复合材料，由竹材和木材的纤维、树脂、填料等混合制成。竹木纤维复合材料具有轻质、高强度、防腐、防虫、易加工等优点，同时也是一种环保材料，符合可持续发展的理念。竹木纤维复合材料可以用于地板、墙板、天花板、家具、室内装饰等方面

生物基塑料装饰板是一种新型的环保装饰材料，主要由天然植物纤维和生物基塑料组成。生物基塑料是一种由可再生资源（如淀粉、植物油等）制成的可生物降解塑料，相比传统的石油基塑料具有更高的环保性

生物基塑料装饰板具有轻质、高强、防水、防潮、耐腐蚀、易清洁等特点，可以用于墙面、天花板、吊顶、门套线条、装饰画等室内装饰。此外，生物基塑料装饰板还具有无毒、无味、不含甲醛等优点，能够满足人们对室内环保、健康的需求

生物基塑料

再生装饰混凝土是一种环保型建筑材料，由回收利用的废弃混凝土和其他再生材料（如钢渣、煤矸石等）经过再生利用而成。这种材料既能够减少环境污染，又能够节约资源，并且具有很好的装饰性能

再生装饰混凝土具有多种颜色和纹理，可以通过调整材料的成分和工艺来获得不同的效果，如大理石、花岗岩、木纹等。这种材料既能够用于室内地面、墙面、天花板等装饰，也能够用于室外建筑立面的装饰

再生装饰混凝土

绿色植物墙

绿色植物墙是一种由植物垂直种植而成的墙面装饰，也称为垂直花园、绿色垂挂墙、植物墙等。它是一种绿色环保的装饰材料，具有很高的美学价值和空气净化功能

绿色植物墙通常采用模块化设计，由多个小型花盆或花箱组成，可以根据需要拼接成任意尺寸和形状的墙面。墙面的植物可以是各种绿植、花卉、草本植物等，种类繁多，颜色鲜艳，让室内空间增添生气和活力

地聚石是利用碱激发原理生产的一种装饰材料。通过碱性溶液（一般为碱金属硅酸盐溶液）来激发工业废渣、矿粉等的活性，形成一种类似于水泥的胶凝材料。这种胶凝材料硬化后，就可以得到具有良好力学性能和耐久性的材料

地聚石

植物纤维地板是一种环保型地板材料，它由天然植物纤维和树脂混合制成。这种地板材料不仅环保，而且耐用、防水，易于清洁和维护

植物纤维地板通常采用可再生的天然植物纤维，如竹子、稻草、棕榈叶、亚麻、麻等。这些植物纤维具有很好的强度和韧性，能够有效地增加地板的耐久性和抗压性

除了植物纤维，植物纤维地板还会加入环保树脂来制作。环保树脂通常采用水溶性或油溶性的树脂，这些树脂不含有害物质，能够有效地减少对环境的影响

植物纤维地板

再生纸制品

再生纸装饰材料是由回收废纸经过加工制成的一种环保材料，具有轻质、环保、防火等特点。再生纸装饰材料可以用于室内墙面、天花板、隔断、家具等方面

再生纸装饰材料的生产过程不需要大量的木材和水资源，同时可以有效减少污染和废弃物的产生。因此，再生纸装饰材料是一种低碳、可持续的材料，符合现代社会对于环保、可持续发展的要求。除此之外，再生纸装饰材料还可以提高室内环境的质量，使室内空气更加清新、健康

废旧纺织品做的纤塑板是一种由废弃纺织品和废旧塑料通过加工制成的板材，具有低碳、可持续的特性。通常将纺织品碎片与塑料颗粒混合，加热压缩后制成板材，可以用于墙体、天花板、家具等室内装饰。这种材料既可以解决废弃纺织品的处理问题，又可以减少对天然资源的消耗，是一种环保的新型材料

纤塑板

再生橡胶地板是由回收再利用的橡胶制成的一种地板材料。与传统的橡胶地板相比，再生橡胶地板具有更低的环境影响和更高的可持续性

再生橡胶地板的制造过程中，采用了废旧轮胎、工业废料等回收材料，通过加工和再利用制成。这不仅可以减少废旧轮胎等废弃物的数量，降低环境污染，还可以节约原材料资源，降低能源消耗和碳排放

再生橡胶地板

天然亚麻布艺

天然亚麻布艺是指采用天然亚麻纤维手工或机械织成的布艺材料。亚麻纤维具有强度高、耐磨损、吸湿性好等特点，能够很好地适应不同环境的使用需求。天然亚麻布艺在家居装饰中被广泛应用，如窗帘、靠垫、沙发套等

室内再生金属装饰材料是指通过对废旧金属进行加工和处理，将其再利用为装饰材料。这种材料的生产过程能够有效地减少对环境的负面影响，并且具有可持续性和经济性。再生金属装饰材料的种类繁多，常见的包括再生铝板、再生不锈钢板、再生铜板、再生锌板等，这些材料可以应用于各种室内装修设计中，如墙面装饰、天花板装饰、地面装饰等。同时，这些材料的纹理、色彩和表面处理等也多种多样，能够满足不同风格和需求的设计师和客户

再生金属装饰材料

藤编家具是利用天然藤条或藤蔓等材料手工编织而成的家具，是一种环保、可持续的家具材料。藤编家具具有轻盈、舒适、柔软、透气等特点，具有较好的弹性和耐用性。此外，由于使用的是天然材料，藤编家具不会释放有害物质，对人体健康无害。藤编家具常用于户外家具、休闲家具等领域，也逐渐被应用于室内家具设计中

藤编家具

轻质陶瓷、低温陶瓷砖

轻质陶瓷是指用轻质材料（如泡沫陶瓷、泡沫玻璃、膨胀珍珠岩等）作为骨料，与粘合剂混合后制成的陶瓷材料，具有质量轻、强度高、隔热性能好等优点，常用于建筑幕墙、隔墙等场合

低温陶瓷砖是指在生产过程中采用较低的温度（一般低于1200℃）进行烧制的陶瓷砖，相比传统的高温陶瓷砖烧制工艺，低温陶瓷砖生产过程中需要的能源更少，排放的废气和废水也相对较少，因此具有一定的低碳、环保性能

再生塑料装饰板是一种由回收再生塑料制成的装饰材料，具有低碳、可持续等特点。这种材料采用了回收再利用的原则，有效减少了废弃塑料的数量，同时也可以替代传统的木质或人造板材料，避免了对自然资源的过度开采和破坏。再生塑料装饰板广泛应用于家庭和商业场所的装修，如墙面、天花板、柜子等，具有耐用、防水、防潮、易清洁等优点。此外，再生塑料装饰板的生产过程相对较简单，能够节约能源和减少二氧化碳排放

再生塑料装饰板

软木板/砖是一种由栓皮栎的树皮制成的天然材料。它具有良好的吸声、隔声和保温性能，同时还有较强的防振性和耐磨性。软木板/砖可用于墙面、地面和各种家具装饰，广泛应用于住宅、办公室和商业空间等场所。软木板/砖是一种可再生的天然资源，采集不会对树木造成伤害，因此软木板是一种低碳、可持续的建筑材料

软木板

生物基皮革

生物基皮革是指使用天然有机材料（如菌丝、细菌、酵母等）或基于植物的原料制成的合成皮革材料，它们通常具有类似真皮的外观和质感，并且可以替代传统的动物皮革。生物基皮革的生产过程相对环保，不需要大量的水和能源消耗，且对环境的影响也较小。此外，生物基皮革还具有可持续性和生物降解性，能够降低对环境的负面影响，符合现代社会对可持续性和环保性的要求

植物纤维板和植物纤维树脂板都是一种可持续、环保的室内装饰材料，它们主要由天然植物纤维、木材纤维等天然原料和环保树脂等有机高分子材料组成

植物纤维板是将植物纤维和木材纤维混合后加工而成的板材，具有轻质、高强度、防水、防腐等特点，广泛应用于墙面、天花板、家具等领域。同时，植物纤维板可以通过添加天然色素或涂料等方式实现不同的颜色和表面质感，具有一定的装饰性

植物纤维板和植物纤维树脂板

再生PET吸声板是一种以回收聚酯纤维（PET）为主要原料的吸声材料。PET是一种常见的塑料，广泛用于制作矿泉水瓶、食品包装等。再生PET吸声板通过将废旧PET瓶回收、加工、压缩成板状材料，既实现了资源循环利用，又具有良好的吸声性能。这种材料可用于办公室、教室、音乐厅等需要降低噪声的场所

再生PET吸声板

建筑固废砖

这里的建筑固废砖主要是以建筑固体废弃物为原材料，利用生物水泥进行粘合。不需要高温烧制，不需要水泥，可以显著减少碳排放

6.4 国内外低碳、可持续建筑装饰材料应用

再生木材

再生木材在该项目中被用于制作**墙面、地板和家具，如桌子、椅子和吧台**等

花厨休息室
Kitchen & Flora Lounge

"Kitchen & Flora Lounge"是一个餐厅和酒吧项目，位于多伦多市中心的商业区域。该项目的设计重点是创造一个温馨舒适的环境，并注重可持续性和环境友好

该项目中使用了许多环保材料，其中包括再生木材

竹基纤维复合材料

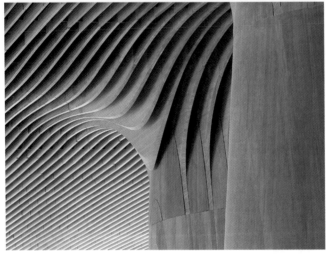

城市生活
Citylife

"Citylife"是一个位于泰国曼谷的综合性开发项目，由三座高层建筑组成，包括办公楼、酒店和购物中心。该项目中，竹基复合材料被广泛应用。该材料的优点在于它既具有竹子的天然美感和环保特点，又具有复合材料的强度和耐久性

竹基复合材料在"Citylife"项目中还被用于制作家具和装饰品，如桌子、椅子、地板和墙板等。这些家具和装饰品不仅具有现代感和美观性，还能够展现出泰国文化和传统的竹工艺

建筑师们使用这种材料来制作
建筑外墙、立面和室内装饰

生物基塑料

库斯科比 Kuskoa Bi

"Kuskoa Bi"是世界上第一款生物塑料椅子。生物塑料来源于可再生的生物质资源，如植物油脂、玉米淀粉或回收的食品废物，而传统塑料则是由石油合成的。这使得生物塑料成为更环保的替代品

"Kuskoa Bi"是可持续设计和创新的体现。其有机、温馨的形状非常舒适，而使用的材料则为椅子提供了耐用性和强度

生物塑料来源于**可再生的生物质资源**

再生水磨石

建筑固体废弃物再生水磨石
做成的家具、灯具外观独
特，在**固废再生应用**
方面也有一定积极意义

建筑固体废弃物

再生装饰混凝土

西安大唐西市博物馆

西安大唐西市博物馆是中国陕西省西安市一座以展示唐代城市文化为主题的博物馆。该博物馆的建筑设计中，采用了再生混凝土装饰板作为重要的建筑材料之一。应用在建筑外墙、室内墙面、地面等部位

再生混凝土是一种通过回收和再利用废弃混凝土而制成的环保建筑材料，具有**可持续性、低碳、低能耗**等优点

竹地板

竹地板具有**天然的竹子和质感**，同时还能够
提供**舒适的脚感和良好的隔声效果**

"万宗归一"茶室

"万宗归一"茶室是一家位于福建福州的茶室，该茶室的建筑设计中竹地板被广泛应用

玻璃再生材料

这种材料由玻璃再生而成，是一种透光的、半透明的材料，具有**类似于玉石的质感和纹路**

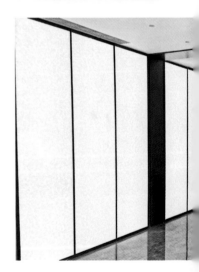

绍兴王阳明纪念新馆

绍兴王阳明纪念新馆的背景墙采用了一种特殊的
玻璃材料，叫做"玉石玻璃"

再生铝吊顶

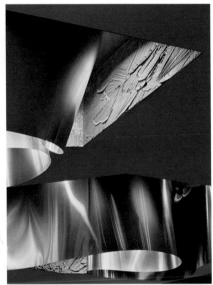

能够**快速拆卸和重新安装**，是一种材料循环利用非常好的方式

吉欧松 Geosong

日本Geosong住宅楼人口大厅吊顶采用了组装再生铝制吊顶的方案，以便适应后续不同的应用场景

再生橡胶地板

这种地板材料是由再生橡胶颗粒和聚氨酯粘合剂混合而成的，具有**很好的弹性和耐用性，同时也具有较好的环保性**

1Rebel Bayswater 健身房

伦敦1Rebel Bayswater健身房采用的地板材料是再生橡胶地板。再生橡胶地板具有吸振、防滑、减缓冲击力等特点，非常适合健身房等高强度运动场所的使用。它的表面纹路设计也可以增加地面的摩擦力，降低健身人群在运动时的滑动风险

藤编家具

它具有**轻盈、自然、富有质感和良好的透气性**等特点，非常适合用于室内装饰

Sisterhood 餐厅

澳大利亚Sisterhood餐厅采用了藤编装饰墙面和天花板的设计。藤编是一种天然材料，通常由藤条等植物材料编织而成

在Sisterhood餐厅的设计中，藤编被运用到墙面和天花板的装饰上，创造了一个自然、舒适和温馨的用餐环境。此外，藤编还可以起到隔声和隔热的作用，帮助调节室内温度和湿度，提高室内舒适度

亚麻布艺

亚麻是一种天然的纤维材料，由亚麻植物的茎部提取而来，具有良好的

透气性、吸湿性和抗菌性
等特点

巴黎国立工艺
美术学院餐厅

巴黎国立工艺美术学院餐厅采用了亚麻材料进行装饰和装修

在餐厅装修中，亚麻材料主要被用于餐桌布料和墙布等方面。亚麻布料具有柔软、舒适、环保等特点，能够创造出温馨自然的用餐氛围。同时，亚麻布料还具有很好的抗皱性和耐用性，使用寿命较长，不易损坏

地聚石

地聚石作为一种低碳材料，在餐厅装修中具有很好的效果。它的**色彩和纹理变化丰富**，可以创造出独特的装饰效果

No Rules 餐厅

阿姆斯特丹No Rules餐厅的酒吧背景墙采用了不同色调的粉红色和梯形图案的地聚石

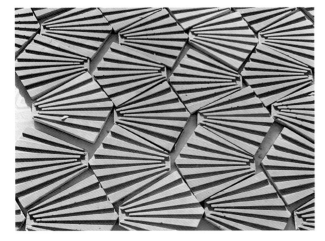

再生塑料装饰板

主要回收塑料有：
HDPE、PP等

零售店展台

零售店展台装饰板采用的是100%
回收塑料再生装饰板

植物鲜花秸秆板

主要以**熏鱼草、秸秆**为原料，经过加工处理和生物树脂粘合而成

荷兰设计周可持续小屋

2021年荷兰设计周可持续小屋卧室里天花材料就是薰衣草秸秆板

软木砖

墙壁摸上去十分柔软，闻上去也很香，软木材质形成了这个建筑独特的语言

英国软木小屋

英国软木小屋是泰晤士河边的一座英式住宅，整个建筑的墙体、隔热层、室内装饰都是由实心软木建造而成

再生 PET 吸声板

布拉格 Avast 总部

建筑师把布拉格Avast总部办公室打造成了
一个轻松、愉悦的空间

所有房间的墙面都用100%可回收的PET吸声材料进行装饰，不仅**声学效果达到最佳**，装饰效果也很不错

植物纤维树脂板

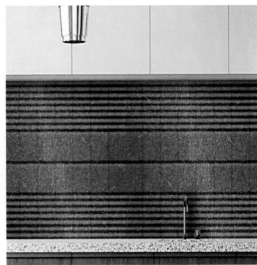

墙面装饰板

纤塑装饰板

COS

COS在高岛屋的一个快闪店的
展示台上的装饰板

采用**70%的废旧纺织品和30%
粘合剂**做成的装饰板

第7章

建筑电气材料的低碳、可持续设计与应用

7.1 建筑电气材料及其种类

建筑电气材料是指在建筑物内用于电力系统、照明系统、通信系统、自动化系统等各种电气设备和设施中所使用的材料。这些材料在现代建筑中发挥着至关重要的作用，为人们提供舒适、安全、高效的居住和工作环境

————— 建筑电气材料的种类繁多，以下是一些主要的分类 —————

导线和电缆

用于电力传输和电气信号传输的材料，包括铜线、铝线、光纤等。其中，铜线和铝线常用于电力系统和照明系统，而光纤则主要用于通信系统和部分自动化系统

管道和配件

用于保护和固定电缆、导线的材料，包括金属管、塑料管、槽盒、接线盒等。这些材料有助于确保电气系统的安全运行，并便于日后维修和更换

电气设备

用于控制、保护和测量电气系统的设备，如开关、插座、断路器、接触器、继电器、变压器、电表等。这些设备对于确保电气系统的正常运行和安全至关重要

照明设备

包括各种类型的灯具、灯泡、控制器等，用于室内外照明。照明设备的种类繁多，如节能灯、LED灯、太阳能灯等，可满足各种场景和功能需求

通信和自动化设备

用于实现建筑内部通信和控制的设备，如电话、网络、监控、报警、楼宇自控等系统所需的各种设备和器件

防雷和接地设备

用于保护建筑物内电气设备和人身安全的设备，如避雷针、接地极、接地线等。这些设备有助于减轻雷击和静电对建筑物的影响，确保电气系统的安全运行

综上所述，建筑电气材料涵盖了各种类型的导线、电缆、管道、配件、设备等，它们共同组成了建筑物内复杂的电气系统，为现代建筑提供了必要的电力、照明、通信和自动化功能

7.2 建筑电气材料的环境影响和可持续性挑战

> 建筑电气材料对环境的影响

—— 建筑电气材料对环境的影响主要包括以下几个方面 ——

资源消耗

生产建筑电气材料需要大量消耗自然资源，如金属、石油、矿物等。这些资源的开采和加工过程会对环境造成一定程度的破坏，如土地破坏、水资源污染等

能源消耗

建筑电气材料的生产过程通常需要大量能源，如石油、天然气、煤炭等。这些能源的开采、运输和使用过程中会产生大量的温室气体排放，加剧全球气候变化

废弃物和污染物产生

在建筑电气材料的生产和使用过程中，会产生大量废弃物和污染物。例如，废旧电缆、电子废物等。这些废弃物的处理和处置往往需要特殊处理设施，如焚烧、填埋等，可能对环境和人类健康产生负面影响

难以回收和降解

部分建筑电气材料，如塑料管道、电线电缆等，难以回收和降解。这些材料在废弃后可能长期存在于环境中，对土壤、水资源等造成污染

电磁辐射

建筑内部的电气系统可能产生一定程度的电磁辐射，尤其是高压输电线路、通信设备等。虽然目前尚无明确证据表明低水平电磁辐射对人体健康有直接危害，但电磁辐射对生态环境的影响仍需关注

建筑电气材料可持续性的挑战

—————— 电线和电缆目前遇到的可持续的挑战 ——————

电线和电缆中通常含有大量的金属和塑料，不易分离和回收。而且，电线和电缆的材料通常受到高温和高压的作用，使得材料的质量下降，难以再次利用

电线电缆通常由多种材料组成，如金属（铜、铝等）导体、塑料或橡胶绝缘层、金属屏蔽层等。这些材料之间的复合性使得电缆难以拆分，回收过程变得复杂且成本高昂

材料复合性

在电缆回收过程中，可能产生一些有毒污染物，如二噁英、多氯联苯等。这些污染物对环境和人类健康造成威胁，因此电缆回收需要采取严格的环保措施，以减少对环境的影响

污染物产生

目前，电缆回收设备和技术尚不完善，很难实现对电缆各种材料的高效分离和回收。此外，一些地区缺乏专业的废电缆处理设施，导致电缆回收率较低

回收设备和技术限制

电线电缆中的塑料和橡胶材料具有很高的稳定性，难以在自然环境中降解。这些材料在废弃后可能长期存在于环境中，对土壤、水资源等造成污染

难以降解

建筑电气材料可持续性的挑战

电气管道和配件通常由多种材料组成，如塑料、金属等。这些材料之间的复合性使得电气管道和配件难以拆分，回收过程变得复杂且成本高昂

材料复合性

回收电气管道和配件需要进行拆卸、分类、清洗等一系列操作，这些过程的成本可能很高。因此，对于一些低价值的电气管道和配件，回收成本可能高于其本身的价值，导致回收难度加大

回收成本

电气管道和配件目前遇到的可持续性的挑战

回收设备和技术限制

目前，电气管道和配件的回收设备及技术尚不完善，很难实现对各种材料的高效分离和回收。此外，一些地区缺乏专业的废旧电气管道和配件处理设施，导致回收率较低

难以降解

电气管道和配件中的塑料材料具有很高的稳定性，难以在自然环境中降解。这些材料在废弃后可能长期存在于环境中，对土壤、水资源等造成污染

建筑电气材料可持续性的挑战

电气设备目前遇到的可持续性的挑战

设备复杂性

电气设备通常由多种材料和组件组成，如金属、塑料、电子元器件等。这些部件之间的紧密结合使得电气设备难以拆分，回收过程变得复杂且成本高昂

有害物质

部分电气设备中可能含有有害物质，如重金属（如铅、汞等）、卤素（如氯、溴等）。这些物质在回收过程中可能对环境和人类健康造成威胁，因此需要采取严格的环保措施进行处理

回收成本

回收电气设备需要进行拆卸、分类、清洗等一系列操作，这些过程的成本可能很高。因此，对于一些低价值的电气设备，回收成本可能高于其本身的价值，导致回收难度加大

回收设备和技术限制

目前，电气设备的回收设备和技术尚不完善，很难实现对各种材料和组件的高效分离及回收。此外，一些地区缺乏专业的废旧电气设备处理设施，导致回收率较低

难以降解

电气设备中的塑料材料具有很高的稳定性，难以在自然环境中降解。这些材料在废弃后可能长期存在于环境中，对土壤、水资源等造成污染

建筑电气材料可持续性的挑战

照明设备目前遇到的可持续性的挑战

设备复杂性

照明设备通常由多种材料和组件组成，如金属、塑料、电子元器件等。这使得照明设备难以拆分，回收过程变得复杂且成本高昂

有害物质

部分照明设备（如荧光灯、节能灯）中可能含有有害物质，如汞。这些物质在回收过程中可能对环境和人类健康造成威胁，因此需要采取严格的环保措施进行处理

难以降解

照明设备中的塑料材料具有很高的稳定性，难以在自然环境中降解。这些材料在废弃后可能长期存在于环境中，对土壤、水资源等造成污染

通信和自动化设备目前遇到的可持续性的挑战

设备复杂性

通信和自动化设备由多种材料和组件组成，如金属、塑料、电子元器件等。这些部件之间的紧密结合使得设备难以拆分，回收过程变得复杂且成本高昂

有害物质

通信和自动化设备中可能含有有害物质，如重金属、卤素等。这些物质在回收过程中可能对环境和人类健康造成威胁，因此需要采取严格的环保措施进行处理

难以降解

通信和自动化设备中的塑料材料具有很高的稳定性，难以在自然环境中降解。这些材料在废弃后可能长期存在于环境中，对土壤、水资源等造成污染

防雷和接地设备目前遇到的可持续性的挑战

材料复合性

防雷和接地设备通常由多种材料组成，如金属、塑料等。这些材料之间的复合性使得设备难以拆分，回收过程变得复杂且成本高昂

回收成本

回收防雷和接地设备需要进行拆卸、分类、清洗等一系列操作，这些过程的成本可能很高。因此，对于一些低价值的防雷和接地设备，难以回收再利用

7.3 如何低碳和可持续设计建筑电气材料

低碳和可持续建筑电气材料的设计策略

使用可拆卸电气材料

设计可拆卸电气材料，使得电气设备在使用寿命结束后可以被拆卸，并且能够更轻松地回收和分离其中的金属和非金属部分

采用模块化设计

将电气设备设计为模块化的部件，方便拆卸和更换需要维修的部件。这样可以延长设备的使用寿命，降低维修成本，也可以减少浪费

提高回收率

设计回收系统和回收流程，可以帮助提高电气材料的回收率。通过设计具有可回收性和可再生性的材料，可以更好地回收和再利用这些材料

应用可持续材料

采用可持续的电气材料，如可再生材料、生物基材料等，可以降低对自然资源的依赖，减少环境污染和对环境的影响

推广电气设备共享

共享经济的发展趋势，使得电气设备共享的概念逐渐被接受。通过共享经济平台，可以实现电气设备的多人使用，提高电气设备的利用率，减少浪费和消耗

推广循环利用技术

在处理和回收电气材料时，采用现代化的循环利用技术，如金属分离、塑料熔化等技术，提高材料的利用价值

需要注意的是，设计可持续的电气材料和设备需要从产品的整个生命周期考虑，包括设计、生产、使用和废弃处理等各个方面。这样可以使电气材料的循环利用率和利用价值得到提高，同时也可以促进可持续建筑的发展

建筑电气材料的环境影响和可持续性挑战

低碳和可持续建筑电气材料

生物基聚乙烯（Bio-Based Polyethylene，Bio-PE）是指由生物质（例如玉米糖、植物油等）通过化学或生物工程技术制成的聚乙烯。它和传统的石油基聚乙烯在性能上是相似的，但其在环保效果上有明显的优势。生物基聚乙烯是可再生的，且在生产和废弃处理过程中的碳足迹较小

生物基聚乙烯电缆就是使用这种生物基材料制成的电缆。它在很多方面都和传统的聚乙烯电缆相似，包括绝缘性、物理强度和热稳定性，但是对环境的影响更小。因此，生物基聚乙烯电缆是一种更可持续的选择

生物基聚乙烯电缆（Bio-PE）

再生塑料电缆

再生塑料电缆是使用再生（或回收）塑料制成的电缆。这种电缆的生产涉及将已使用的塑料产品进行分类、清洗、破碎、熔化和重塑，然后将其用于新的电缆制造过程

再生塑料电缆的意义主要在于环保和资源循环利用。我们知道，塑料废物对环境产生了巨大压力，尤其是对海洋环境的影响。使用再生塑料电缆可以减少对新塑料的需求，从而减少塑料废物的产生，同时也能有效利用现有的塑料废物

石墨烯是一种由碳原子以特定的蜂窝状结构排列形成的二维材料。它被认为是世界上最薄、最强的材料，并且是一种优秀的导电体。石墨烯的出现被认为是材料科学的一大革命，因为它的各种特性使其在许多领域中有广泛的应用，包括在电子器件（如半导体、传感器和电池）和光电器件（如光伏和LED）中

碳纳米管是一种微观的管状结构，由单层或多层的石墨烯滚动而成。碳纳米管在力学强度、导电性和热导率方面都表现出了出色的性能。因此，碳纳米管在电子器件（如电池和超级电容器）、能源存储和转化设备、复合材料和生物医学应用（如药物输送和组织工程）等方面有广泛的应用

石墨烯和碳纳米管

再生金属导体，是由回收的金属材料再利用并制成的导体。这种导体一般是由废弃电线、电缆或其他含有金属的废弃物经过处理和再加工而成

再生金属导体

生物基导电聚合物

生物基导电聚合物是一种由生物质或可再生资源中提取的单体经过聚合形成的导电聚合物。这种材料结合了导电聚合物的优良导电性能和生物基聚合物的可再生、可降解性质，因此对于环保和可持续发展具有重要意义

从技术角度看，生物基导电聚合物具有导电性、可加工性和可降解性等优点。由于其导电性，这种聚合物可以在电子器件、传感器、超级电容器、太阳能电池等领域得到应用。此外，由于其可降解性，这种聚合物在使用寿命结束后可以自然降解，减少了对环境的影响

生物可降解电池

生物可降解电池是一种由可生物降解的材料制成的电池。这种电池的主要组成部分（如电解质、电极材料等）都是由可生物降解的材料构成，这意味着在使用完毕后，电池可以在一定的条件下自然降解，而不会对环境产生持久的影响

7.4 国内外低碳、可持续建筑电气材料应用

生物基聚乙烯电缆

生物基聚乙烯电缆

生物基聚乙烯电缆是用生物聚乙烯（绿色聚乙烯）取代了用于绝缘的传统石油衍生聚乙烯，生物聚乙烯是一种由甘蔗开发的材料，100% 可再生，可减少 CO_2 排放

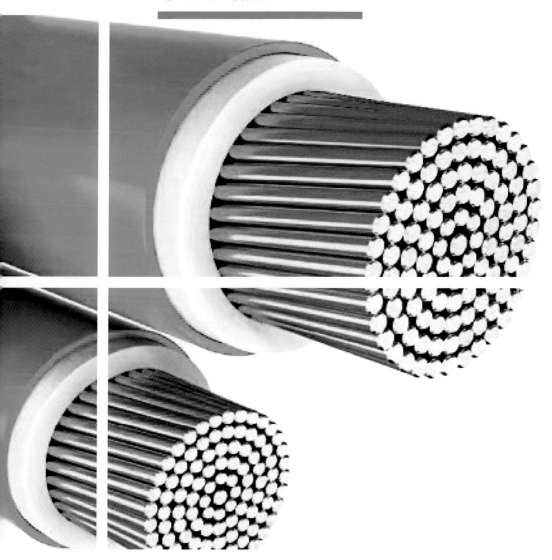

据计算，每生产1吨生物基聚乙烯，就会在甘蔗种植过程中从**大气中捕获和保护2吨以上的二氧化碳**

生物基柔性屏

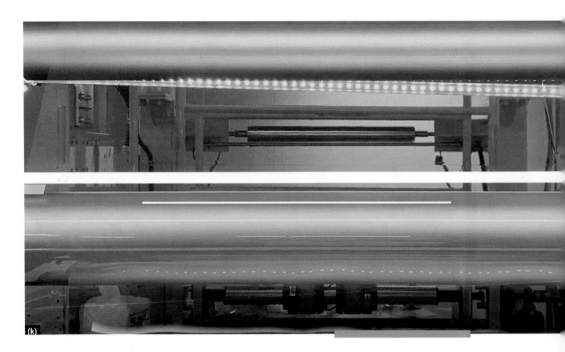

具有出色的机械性能，
可用于制造柔性屏幕

Hyaline

Hyaline 是一种生物制造的聚酰亚胺薄膜。它由工程细菌发酵产生的单体制成。这些细菌将新基因插入它们的 DNA 中，以引起所需单体的产生。这些单体结合在一起，形成了一种动态透明的光学薄膜

生物基绝缘保护套

可以用作电缆和电线的低压和中压
XLPE绝缘保护层

生物基绝缘保护套

这款生物基绝缘保护套是生物基LLDPE-己烯
共聚物材质，84%生物基含量

回收塑料 / 金属导线电缆

低碳电缆

这种低碳电缆采用的就是回收铝和
50%的再生塑料

这个产品碳排放可以减少**50%**

第 8 章

建筑管道材料的低碳、可持续设计与应用

8.1 建筑管道材料及其种类

建筑管道材料是指用于建筑设施中输送各种流体和气体的管道系统的材料。这些材料需要具有良好的耐腐蚀性、耐压性和耐磨性。以下是一些常见的建筑管道材料种类：

金属管道材料

钢管

分为无缝钢管、焊接钢管等。主要用于输送热水、冷水、蒸汽、燃气等

铸铁管

具有良好的耐腐蚀性和承压性，主要用于给水排水系统

不锈钢管

具有优异的耐腐蚀性，主要用于高要求的给水排水系统、暖通空调系统等

铜管

具有良好的耐腐蚀性和导热性，常用于冷热水系统和制冷设备

塑料管道材料

聚氯乙烯（PVC）管

具有轻便、耐腐蚀和低成本的特点，主要用于给水排水系统

聚乙烯（PE）管

具有良好的耐腐蚀性和承压性，主要用于给水排水系统

聚丙烯（PP）管

具有高耐热性、耐腐蚀性，主要用于冷热水输送和工业管道系统

聚丁烯（PB）管

具有高弹性和耐腐蚀性，主要用于热水、冷水输送系统

复合管道材料

铝塑复合管

由内层塑料、中间铝层和外层塑料组成，具有金属和塑料的优点，主要用于热水、冷水和暖通空调系统

塑料内衬钢管

由钢管外层和内层塑料组成，兼具钢管的强度和塑料的耐腐蚀性，主要用于工业和建筑给水排水系统

8.2 建筑管道材料的环境影响和可持续性挑战

（建筑管道材料对环境的影响）

资源消耗

管道材料的生产需要消耗大量的资源，如金属矿产、石油等。这些资源的开采和加工过程中会产生一定的环境污染

能源消耗

建筑管道材料的生产过程通常需要消耗大量的能源，尤其是金属管道材料。能源消耗过程中会产生二氧化碳等温室气体，导致全球气候变化

生产过程污染

建筑管道材料的生产过程中可能产生废水、废气和废渣等污染物，对水、土壤和大气环境造成负面影响

使用过程污染

部分管道材料在使用过程中可能会释放有害物质，如塑料管道中的添加剂。这些物质对人体健康和生态环境造成潜在风险

废弃处理问题

一些建筑管道材料难以回收再利用或降解，如塑料管道、铝塑复合管等。这些废弃物最终会填埋或焚烧，造成土壤污染、空气污染和资源浪费

建筑管道材料的可持续性的挑战

金属管道目前遇到的可持续性的挑战

金属管道在建筑领域中广泛应用，例如供水、排水、供暖和通风等系统。尽管金属管道具有很高的回收再利用价值，但在实际操作过程中仍然面临一些可持续性方面的挑战

回收成本

金属管道的回收过程包括拆除、分类、清洗、运输和再加工等环节。这些环节需要投入相应的人力、物力和财力，使得回收成本相对较高。这可能导致一些废旧金属管道未能被有效回收

回收效率

金属管道的回收需要较高的技术水平和设备支持，但在实际操作中，有时会遇到技术和设备不足的问题，从而降低回收效率

回收渠道不畅

在某些地区，金属管道回收市场尚不完善，导致废旧金属管道回收渠道有限，难以实现大规模回收

环境污染

金属管道的回收再利用过程中可能产生废水、废气和废渣等污染物。若处理不当，这些污染物会对环境产生负面影响

建筑管道材料的可持续性的挑战

塑料管道材料目前遇到的可持续性的挑战

塑料管道材料在建筑行业中广泛应用，如给水排水系统、供暖和通风系统等。然而，塑料管道的回收再利用和降解过程面临一些可持续性方面的挑战

难以分解

大多数塑料管道材料（如聚氯乙烯（PVC）、聚乙烯（PE）和聚丙烯（PP））具有较长的分解周期，可能需要数百年才能在自然环境中完全分解。这导致废弃塑料管道堆积成为一种长期环境负担

塑料管道的回收过程需要进行清洗、破碎、熔融和造粒等步骤。这些步骤需要相应的技术和设备支持，但在某些地区，这些条件可能难以满足，导致回收效率较低

回收技术限制

回收成本

塑料管道的回收再利用过程涉及拆卸、分类、清洗、运输和再加工等环节，需要投入相应的人力、物力和财力，可能导致回收成本较高

塑料管道的回收再利用过程中可能产生废水、废气和废渣等污染物。若处理不当，这些污染物会对环境产生负面影响

污染物排放

建筑管道材料的可持续性的挑战

复合管道材料目前遇到的可持续性的挑战

复合管道材料是由两种或多种材料组合而成的管道，具有较好的综合性能。然而，复合管道的回收再利用和降解过程面临一些可持续性方面的挑战

分离和分类困难

复合管道由多种材料组成，这些材料在回收过程中需要进行分离和分类，以便进行后续的再利用。然而，这些材料之间的连接可能非常紧密，使得分离和分类变得困难和耗时

回收技术限制

针对复合管道材料的回收技术相对较少，且需要较高的技术和设备支持。在某些地区，这些条件可能难以满足，导致回收效率较低

回收成本

复合管道的回收再利用过程涉及拆卸、分类、清洗、运输和再加工等环节，需要投入相应的人力、物力和财力，可能导致回收成本较高

污染物排放

复合管道的回收再利用过程中可能产生废水、废气和废渣等污染物。若处理不当，这些污染物会对环境产生负面影响

部分材料难以降解

复合管道中可能包含一些难以降解的材料，如塑料，这将导致废弃复合管道在环境中长期存在，形成环境负担

8.3 如何低碳和可持续设计建筑管道材料

> 低碳和可持续建筑管道材料的设计策略

采用可持续管道材料

选择可持续管道材料，如钢、铜、铝等金属管道材料、生物可降解材料等，可以有效减少对环境的影响，提高材料的循环利用率和利用价值

精细化管道设计

在管道设计中，应充分考虑管道的材料和结构等因素，尽可能地减少管道材料的使用量，提高材料的利用效率

进行材料回收和再利用

在管道拆除或更新时，应将管道材料进行分类回收，尽可能地减少废弃材料的数量。同时，在新的建筑项目中，可以考虑将回收的管道材料进行再利用，减少新材料的使用量

推广管道材料的再制造

通过推广管道材料的再制造技术，可以将回收的管道材料转化为新的建筑管道材料，延长其使用寿命，提高材料的循环利用率和利用价值

加强管道材料的维护管理

对于已经安装的管道材料，应加强维护管理，延长其使用寿命。同时，定期检查和维护管道系统，及时发现和解决问题，可以减少管道材料的损耗和废弃

需要注意的是，提高建筑管道材料的循环利用率和利用价值，需要在设计、施工、拆除等各个环节中都充分考虑。通过创新设计和技术应用，可以推动建筑管道材料的可持续发展，促进建筑行业的可持续发展

低碳、可持续建筑管道材料

生物塑料管道

生物塑料是由可再生生物资源（例如，玉米、甘蔗、藻类或细菌）制成的塑料。这些材料可以在一定时间内生物降解，减少了塑料对环境的长期影响。生物塑料的种类很多，最常见的包括聚乳酸（PLA）、聚羟基烷酸（PHA）和生物聚酯

将生物塑料应用到建筑管道领域仍处于初期阶段。生物塑料的主要优点在于它们的可再生和可生物降解特性，这些特性使得它们在使用完毕后可以更为环保地处理。然而，生物塑料的一些物理性能，例如抗压强度和耐热性，可能无法与传统的塑料管道材料相匹敌，因此目前其主要用于非结构性的应用，例如农业灌溉管道或轻型排水系统

再生塑料管道

再生塑料是指经过回收、清洗、破碎、熔融和再造过程，从废弃塑料中制成的新塑料。使用再生塑料可以减少新塑料的生产，节省能源，同时减少废弃塑料的处理问题

再生塑料管道是由这些回收和再加工的塑料材料制成的管道。这些管道可以用于各种非结构性的应用，例如地下排水系统、污水处理系统和供水系统

低碳、可持续建筑管道材料

再生金属管道

再生金属是通过回收和再加工废弃的金属制品制成的金属。使用再生金属可以减少对新金属矿石的开采，节省能源，并减少废弃金属的处理问题

再生金属管道是由这些回收和再加工的金属材料制成的管道。这些管道可以用于各种结构性和非结构性的应用，例如供水系统、供暖系统和燃气系统

玻璃纤维增强塑料（FRP）管道

FRP是一种由塑料和玻璃纤维复合而成的材料。由于其具有轻质、耐腐蚀、高强度和良好的设计灵活性等优点，FRP已广泛应用于各类建筑和工业领域

FRP管道是由FRP材料制成的管道，通常用于需要耐腐蚀和/或需要轻质材料的应用，例如排水系统、化工管道和海水处理设施

低碳、可持续建筑管道材料

自修复建筑管道

自修复建筑管道是一种具有自我修复能力的管道，当管道出现裂纹或损伤时，可以自动修复，避免漏水或其他物质泄漏。这种自我修复能力通常通过使用某种特殊的材料或技术来实现，例如通过在管道材料中嵌入微胶囊或纳米颗粒，当管道损伤时，这些微胶囊或纳米颗粒会破裂，释放出可以修复损伤的化学物质

碳纤维建筑管道

碳纤维是一种由碳原子组成的高性能纤维，因其轻质、高强度、高刚度等特性而被广泛应用于各种高技术领域，如航空航天、汽车、体育设备等。在建筑领域，碳纤维由于其优秀的机械性能和耐腐蚀性，也开始被用于制造管道

碳纤维建筑管道是由碳纤维复合材料制成的管道，这种管道通常具有轻质、高强度、高耐热性和优良的耐腐蚀性等特性，可用于各种高性能的应用，如高压管道、化工管道和燃气输送管道等

8.4 国内外低碳、可持续建筑管道材料应用

莫迪亚洛克高速公路

再生塑料管道

莫迪亚洛克高速公路塑料管由回收塑料再生而成。其他回收材料应用包括在沥青中使用再生玻璃、在路基中使用再生混凝土

再生塑料排水管

再生塑料制成的排水管

再生金属管道

再生铜管道

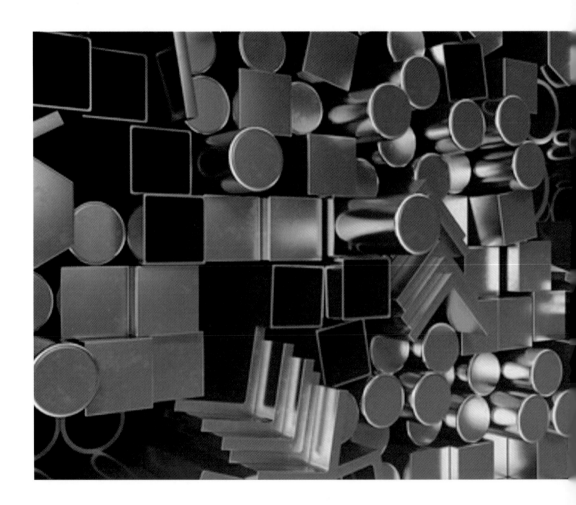

再生**不锈钢**管道

自愈合管道

澳大利亚下水管道

由南澳大利亚大学可持续工程专家严诸葛教授领导的世界首创项目正在试验一种新的解决方案，以阻止该国老化混凝土管道出现的前所未有的腐蚀程度。该项目着眼于使用水处理污泥，以自愈混凝土的形式防止下水道管道开裂

碳纤维管

碳纤维管道材料是一种使用碳纤维增强复合材料（Carbon Fiber Reinforced Polymer，简称CFRP）制造的管道材料

碳纤维管

它由高强度的碳纤维纱线或纱布与环氧树脂等
基质材料组合而成

第 9 章

建筑外墙材料的低碳、可持续设计与应用

9.1 建筑外墙材料及其种类

建筑外墙材料是指用于建筑外立面的装饰、保护、隔热等作用的材料。根据不同的分类标准，可以将建筑外墙材料分为以下多种类型：

石材类

(大理石) (花岗岩) (砂岩)

(石灰石) (人工合成石材) (……)

金属类

(铝板) (铜板) (不锈钢板)

(锌板) (……)

玻璃类

(普通玻璃) (夹层玻璃) (钢化玻璃)

(隔热玻璃) (……)

陶瓷类

(釉面砖) (水磨石) (陶瓷板)

(干挂石材) (……)

复合材料类

(石塑板) (铝塑板) (陶瓷铝塑板)

(花岗岩复合板) (……)

其他类

(水泥砂浆) (漆料) (塑料板)

(木板) (竹材) (……)

9.2 建筑外墙材料的环境影响和 可持续性挑战

建筑外墙材料对环境的影响

幕墙材料对环境的影响主要体现在以下几个方面：

能源消耗

不同的建筑外墙材料具有不同的绝缘性能和反射能力，影响着建筑的能耗和热舒适度

碳排放

生产建筑外墙材料的过程会释放大量的二氧化碳和其他温室气体，对全球气候变化产生影响

建筑物健康

一些建筑外墙材料中含有有害物质，如挥发性有机化合物、甲醛等，可能对人体健康产生负面影响

建筑垃圾

建筑外墙材料在拆除时会产生大量建筑垃圾，对环境造成污染

水资源利用

某些建筑外墙材料需要大量的水资源，在水资源匮乏的地区可能会带来问题

建筑外墙材料的可持续性的挑战

对于不同材质的外墙材料的问题不再赘述，参考其他材料

复杂的材料结构

许多建筑外墙材料结构复杂，由多种材料组成，这使得回收再利用变得更加困难

耐候性问题

许多建筑外墙材料需要长期承受恶劣的天气和环境条件，这可能导致材料的老化和损坏，从而减少材料的回收价值

难以回收的材料

某些建筑外墙材料（如一些塑料复合材料等）由于含有多种材料，难以进行有效的分离和回收

维护和拆除成本

建筑外墙材料的维护和拆除成本较高，这使回收再利用变得不经济实惠

9.3 如何低碳和可持续设计建筑外墙材料

外墙材料低碳可持续设计策略

优先选择回收和再利用的材料

回收利用的材料有助于减少资源浪费和环境污染，例如再生金属、再生玻璃等

选择环保材料

环保材料能够降低生产过程中的碳排放，同时也减少室内空气污染的可能，例如低VOCs涂料、环保石材等

选择可再生材料

可再生材料能够减少依赖非可再生能源，例如木材、竹材、麻材等

选择低碳材料

低碳材料能够在生产、运输和使用等环节中减少碳排放，例如轻质陶瓷、纤维水泥板等

选择本地材料

选择本地材料能够减少运输成本和能源消耗，同时也能够促进本地经济发展

设计可拆卸和可回收的外墙系统

可拆卸的外墙系统能够方便维护和更新，可回收的外墙系统能够减少浪费，同时也能够为下一次设计提供可再利用的资源

整合太阳能和其他可再生能源

在外墙材料的设计中考虑整合太阳能和其他可再生能源，例如太阳能板、风力发电等

低碳和可持续建筑外墙材料

—————— 生物基材料 ——————

生物基外墙涂料

生物基外墙涂料（Bio-Based Exterior Wall Coatings）是一种以生物质为主要原料制成的环保型外墙涂料，广泛应用于建筑物的外墙保护和美化。这种涂料具有低环境影响、高耐候性和良好的保护性能等特点。生物基涂料来源于天然植物、动物和微生物资源，如植物油、脂肪、蛋白质、淀粉等

生物基外墙塑料板

生物基外墙塑料板是指由生物基塑料制成的建筑外墙材料。生物基塑料是由生物源（如玉米、甘蔗、大豆等）制成的塑料，而不是由化石燃料（如石油和天然气）制成的塑料。这种类型的塑料板对环境友好，具有可再生和可生物降解的特点

炭化木

炭化木，也被称为热处理木材或烧结木材，是一种特殊处理过的木材，它通过高温热处理过程来增强木材的耐久性和稳定性。这种过程通常在没有氧气的环境中进行，以防止木材燃烧。炭化木是一种可持续的建筑材料，因为它使用可再生的木材资源，并且其生产过程产生二氧化碳排放相对较少，这使其成为一种低碳材料

竹基纤维复合材料

竹基纤维复合材料是一种由竹纤维和塑料或其他类型的结合剂混合制成的材料。这种材料结合了竹子的可持续性和复合材料的耐用性，因此它在建筑行业中有很多潜在的应用

谷木板

谷木板是一种由稻壳、矿物质、PVC制成的外观类似木材的复合材料。因为采用了一定比例的有机再生材料，具有一定的可持续性。谷木板可以耐水、耐紫外线和耐风化等，因此是一款不错的户外装饰材料

植物纤维树脂板

这种材料使用可再生的废弃植物纤维，如草、叶子、果皮等，通过独特的生产工艺与环保树脂结合，形成坚固且耐用的板材。这种板材可在多种应用中替代传统的塑料或木材，如家具、饰面、装饰品等

低碳和可持续建筑外墙材料

回收材料

回收金属板

回收金属板，如回收铝或回收钢板，是一种由回收的金属材料制成的建筑外墙装饰材料。这种材料环保且可持续，因为它减少了对新的矿物资源的需求，并降低了废弃金属的垃圾堆填。此外，回收金属板也具有良好的耐候性和耐久性，使其成为理想的建筑外墙装饰材料

再生玻璃外墙材料

再生玻璃外墙材料是一种利用废旧玻璃重新加工制成的建筑材料。这种材料对环境友好，因为它减少了对新的矿物资源的需求，并降低了废弃玻璃的填埋。此外，回收玻璃材料可以通过各种处理和设计手法，形成独特的视觉效果，因此在现代建筑设计中也具有广泛的应用潜力

再生装饰混凝土

再生装饰混凝土是一种使用回收的混凝土碎片（或称为再生骨料）作为原料制成的混凝土。这种材料是环保的，因为它减少了对新的骨料的需求，并利用了建筑和拆除废弃物。再生装饰混凝土可以用于各种建筑应用，包括外墙材料

回收塑料板

回收塑料板是一种利用废旧塑料制造的建筑材料。回收塑料经过粉碎、清洗、熔融和成型，可以制造成各种形状和颜色的瓦片。这种材料是环保的，因为它利用了原本可能会进入垃圾填埋场的废弃物

建筑固废再生砖

建筑固废再生砖，也被称为建筑废弃物再生砖或者再生混凝土砖，是一种利用建筑和拆除废弃物（包括混凝土、砖瓦、砂石等）制成的建筑材料。这些废弃物被粉碎并与粘合剂（如水泥）混合，然后压制成砖块。这种方法既解决了建筑废弃物的处理问题，又减少了对新的自然资源的开采

其他低碳材料

低碳玻璃幕墙

采用低辐射玻璃和中空玻璃等材料，具有良好的隔热性能和降低能耗的效果

光伏建筑一体化幕墙

光伏建筑一体化幕墙主要指将光伏发电技术与建筑幕墙相结合的一种建筑设计和技术应用，它使用具有光伏发电功能的材料来替代传统的幕墙材料、实现建筑外墙的同时具有发电功能

9.4 国内外低碳、可持续建筑外墙材料应用

生物涂料

一住宅户外墙面使用了含**37%**
生物基树脂的涂料

生物涂料

生物基塑料外墙板

生物基塑料外墙板

奥雅纳与GXN Innovation开发了世界上第一个自支
撑生物复合外墙

该设计可将立面系统的**隐含碳降低50%**，且**无需增加施工成本**

炭化木

炭化木

上海前滩太古里是一个零售商业
建筑项目，建筑总面积为12万平
方米，外墙采用了大量的炭化木

外墙采用了大量的炭化木

竹木纤维复合板

北京銮庆胡同37号院改造项目**外立面中**用到了大量的竹木纤维复合材料

北京銮庆胡同 37 号院

这是一个不完整的三合院，利用竹木格栅重塑了传统
合院的向心性

谷木板

中国香港东涌公园游客中心
谷木外墙板

中国香港东涌公园

中国香港东涌公园建筑采用了仿木材纹理的谷木板
作为整个建筑重要的饰面材料

植物纤维树脂板

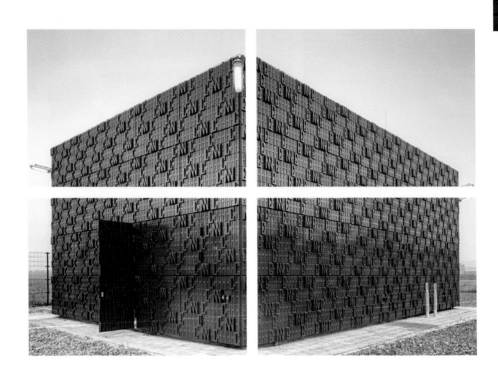

采用的是可以**生物降解的材料**，
它是生物树脂和大麻纤维的混合物

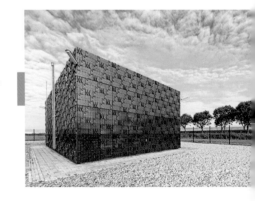

荷兰的一个加油站

这个是荷兰的一个加油站，也是世界上第一个采用生物
树脂板的建筑

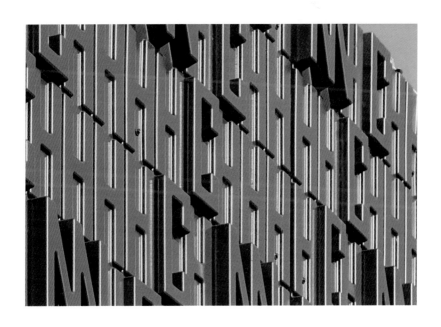

再生玻璃材料

上海某品牌旗舰中国旗舰店

该旗舰店是一个改造项目

门头采用的就是由**啤酒瓶再生**的**材料**
制作而成，类似翡翠般的碧绿色

再生装饰混凝土

建筑外墙采用的是"首钢红"和
工业灰两种不同颜色的再生混凝土

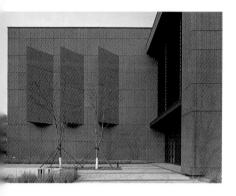

北京首钢工业遗址改造项目

北京首钢工业遗址改造项目是一个为冬奥会配套的训练设施项目

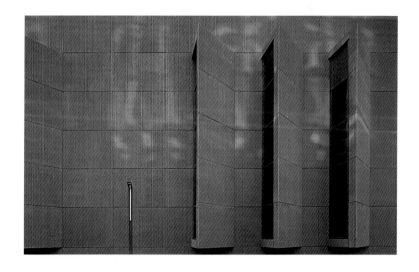

回收塑料瓦

这个高中的音乐馆材料就是**灰色回收塑料做的外墙瓦**

圣奥尔伯特学校

圣奥尔伯特学校是位于荷兰奥斯特豪特的一所高中

再生砖

哥本哈根 92 户住房项目

这个项目的外墙砖来自三座不同的建筑，包括嘉士伯工厂和施泰纳学校

光伏建筑一体化

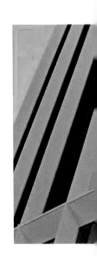

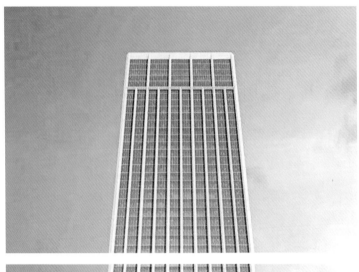

深圳华为安托山总部大楼

大楼外墙改造采用的就是碲化
镉薄膜光伏建筑一体化的幕墙材料

生物基塑料

德国斯图加特大学

这个项目是由德国斯图加特大学设计并建造的，建筑外墙完全由生物塑料板制作而成。这些生物塑料板由聚乳酸（PLA）制作而成，是一种可生物降解的材料。表皮的设计灵感源于树皮的结构，通过计算机模拟和数字化制造方式生产

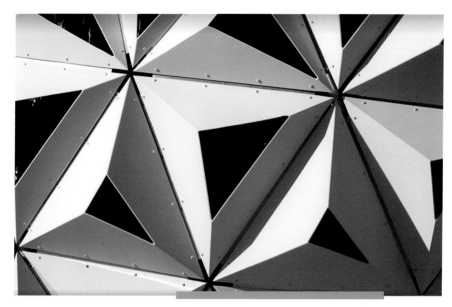

一座兼顾美观与环保理念的装置，这个建筑

外墙完全由生物塑料板制作而成

第 10 章

建筑辅材的低碳、可持续
设计与应用

10.1 建筑辅材及其种类

建筑辅材是指在建筑施工过程中，用于连接、固定、支撑、密封等功能的材料。根据其功能和用途，考虑到连接、固定、支撑材料大部分都是金属材料，参考其他金属材料低碳、可持续原则，这里不再赘述，本节主要讨论建筑粘合剂、密封材料这两类建筑辅材

建筑粘合剂

一种用于将两个或多个建筑材料连接在一起的粘合剂。它通常具有良好的粘附性、耐候性、耐老化性和化学稳定性，可以用于混凝土、砖、石材、金属、木材、塑料、玻璃等多种材料。建筑粘合剂的主要作用包括：

结构连接

将不同的建筑材料连接在一起，提高建筑结构的稳定性和承载能力

填充

填充建筑缺陷或裂缝，修复破损的部分，延长建筑物的使用寿命

修补

修复因使用、环境侵蚀等原因而导致的建筑表面破损，恢复建筑物的外观和功能

装饰

粘接瓷砖、石材、木材等装饰材料，实现美观的装修效果

常见的建筑粘合剂类型

(水泥基粘合剂)　(环氧树脂粘合剂)　(聚氨酯粘合剂)　(丙烯酸酯粘合剂)　(······)

密封材料

一种用于阻止气体、液体、固体等物质通过建筑缝隙和接头的材料。建筑密封材料通常具有良好的柔韧性、耐候性、耐老化性和化学稳定性。它们的主要作用包括：

密封

防止水分、空气、灰尘等物质的渗透，从而提高建筑物的保温、隔声和防水性能

减震

在结构接缝处起到减震作用，降低结构因热胀冷缩、地震等因素引起的应力

常见的建筑密封材料类型

(硅酮密封胶)　(聚氨酯密封胶)　(丁基橡胶)　(聚氯乙烯泡沫)　(······)

10.2 建筑辅材的环境影响和可持续性挑战

建筑辅材对环境的影响

建筑粘合剂和密封材料在建筑行业中的广泛应用使得其对环境产生了一定的影响。这些影响可以从以下几个方面进行考虑：

能源消耗与碳排放

生产建筑粘合剂和密封材料需要消耗能源，生产过程中可能产生一定量的温室气体排放。不同类型的粘合剂及密封材料在生产过程中的能耗和碳排放可能有所不同。选择低碳、环保型粘合剂和密封材料有助于减少对环境的影响

化学污染

一些建筑粘合剂和密封材料可能含有对环境和人体有害的化学物质，如挥发性有机化合物（VOCs）、甲醛等。这些物质在使用和废弃过程中可能释放到环境中，对土壤、水源和空气质量造成污染。选择无毒或低毒性的粘合剂和密封材料产品有助于降低对环境的影响

废弃物处理

建筑粘合剂和密封材料在使用寿命结束后需要进行废弃物处理。不当处理可能导致废弃物污染环境。因此，应该采取合适的处理措施，如回收再利用、环保填埋等

生态影响

某些建筑粘合剂和密封材料可能对生态系统产生影响，如破坏生物栖息地、影响生物多样性等。在使用建筑粘合剂和密封材料时，应尽量遵循可持续发展的原则，减少对生态系统的负面影响

建筑辅材的可持续性挑战

　　建筑粘合剂和密封材料在可持续性方面面临的挑战主要集中在回收再利用和降解等方面。以下是一些具体的挑战：

回收难度

建筑粘合剂和密封材料通常与其他材料紧密结合，这使得回收过程变得复杂和困难。有时需要采用特殊的方法和设备才能将粘合剂和密封材料从基材上分离。此外，回收过程中可能会损害其他材料，导致资源浪费

再利用限制

即使成功回收了建筑粘合剂和密封材料，也可能面临再利用的限制。这些材料的性能可能随着时间和使用条件的变化而降低，这可能导致再利用时的性能不足。此外，回收的粘合剂和密封材料可能与新的建筑材料不兼容，限制了其再利用的范围

降解问题

许多建筑粘合剂和密封材料在自然环境中难以完全降解，可能在土壤、水体和大气中长期存在。这可能对环境和生态系统产生不利影响。另外，有些粘合剂和密封材料在降解过程中可能释放有害物质，进一步加剧环境污染问题

生态毒性

部分建筑粘合剂和密封材料中含有对环境和生态系统有害的化学物质。在回收、再利用和降解过程中，这些物质可能进入环境，对生物和生态系统造成影响

10.3　如何低碳和可持续设计建筑辅材

低碳和可持续建筑辅材的设计策略

选择可再生、可回收的材料
选择可以回收再利用的粘合剂、密封材料，如可生物降解的材料等

减少使用量
在设计建筑时减少粘合剂、密封材料的使用量，采用其他的连接方式或建筑材料来代替粘合剂、密封材料

设计可拆卸结构
在设计建筑结构时，考虑采用可拆卸的构造方式，降低粘合剂、密封材料的使用量和损耗

精细化施工
在施工过程中，注意精细化施工，减少粘合剂、密封材料的浪费和损耗

加强回收利用技术研究
对于使用过的粘合剂、密封材料，加强回收利用技术研究，提高其回收再利用的效率

提高使用寿命
加强粘合剂、密封材料的性能研究和改进，提高其使用寿命和耐久性，减少更换和浪费

通过采取上述策略，可以有效提高粘合剂、密封材料等建筑辅材的循环利用率和利用价值，降低建筑辅材的环境影响，实现建筑行业的可持续发展

低碳、可持续建筑辅材

生物基粘合剂

生物基粘合剂是一种以生物资源为原料制备的粘合剂。与传统的石油化工产品相比，生物基粘合剂更具环保性，有助于减少碳排放和化石资源的消耗。它们通常具有良好的粘附性能、可生物降解性以及可再生性。生物基粘合剂的种类繁多，以下是一些常见的生物基粘合剂及其作用：

大豆基粘合剂

由大豆蛋白制成的粘合剂，广泛用于木材加工、家具制造和地板粘接等领域。具有优异的粘合性能和环保性

玉米基粘合剂

以玉米淀粉为原料制备的粘合剂，适用于纸品、纺织品和建筑材料的粘接。具有良好的粘附力和环境友好性

复合生物基粘合剂

将不同类型的生物基原料（如纤维素、大豆蛋白、玉米淀粉等）组合起来制成的粘合剂。这种粘合剂结合了各种原料的优点

蛋白质基粘合剂

如酪蛋白粘合剂，由动植物蛋白质提炼而成，适用于纸张、纺织品和木材的粘接。具有良好的粘合性能和生物降解性

纤维素基粘合剂

利用天然纤维素制成的粘合剂，如羟丙基纤维素（HPC）和甲基纤维素（MC），广泛用于建筑材料、墙纸、油漆等行业。具有优良的粘合性、耐水性和生物降解性

生物降解密封材料

生物降解密封材料是一类具有可生物降解性能的密封材料，通常由天然或可再生资源制成。这类材料在使用寿命结束后能够被自然环境中的微生物分解，从而降低了对环境的负面影响。以下是一些常见的可生物降解密封材料及其应用：

生物降解橡胶

一种由天然橡胶制成的可生物降解密封材料，适用于汽车、电子、家电等领域。生物降解橡胶具有优良的密封性能、耐磨性和环保性

大豆基密封材料

由大豆油和其他生物基材料制成的可生物降解密封材料，广泛应用于建筑、家具等领域。大豆基密封材料具有良好的密封性能、耐候性和生物降解性

聚乳酸（PLA）密封材料

由可再生资源（如玉米淀粉、甘蔗等生物质材料）制成的聚乳酸，是一种可生物降解的高分子材料。PLA密封材料具有良好的密封性能、耐水性和生物降解性，可用于食品包装、纺织品等领域

聚羟基烷酸（PHA）密封材料

PHA是一类由微生物合成的生物降解聚物，具有优异的生物降解性能。PHA密封材料可应用于包装、建筑、农业等领域

10.4 国内外低碳、可持续建筑辅材应用

大豆基粘合剂

大豆基粘合剂

这是一种用大豆基粘合剂替代传统脲醛胶的胶合板

非食品级玉米胶水

宜家最新的环保板材

宜家最新的环保板材采用的是由生物基胶水生产的板材，**这个生物基胶水由非食品级玉米淀粉制成**

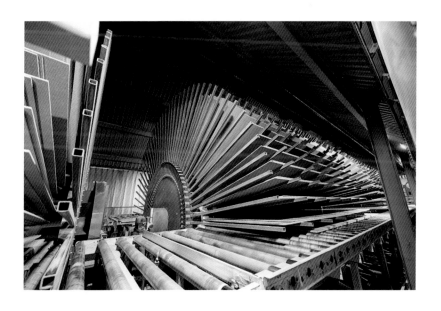

第11章

新型材料的低碳、可持续
设计与应用

建筑
新型
材料

这里的建筑新型材料是指在现有最新的材料基础学科的发展上，发明出的建筑材料，是真正意义的建筑新型材料，包括但不限于本章所列内容

透明木材

透明木材是一种具有透明特性的木材，由天然木材经过特殊处理制成。这种材料的主要成分是纤维素、木质素和半纤维素

材料

透明木材的制备过程：首先，通过化学处理移除木材中的木质素，然后用高分子树脂浸透和填充细胞腔，使木材变得透明。这种树脂可以是生物基的聚甲基丙烯酸甲酯（PMMA）或者其他透明生物基高分子材料

材料的意义

透明木材结合了木材的天然美感和可持续性以及透明材料的优点，具有以下特点：

具有较好的透光性，可以替代一些传统的透明材料，如玻璃

具有较好的隔热性能，可以降低建筑物的能耗

具有较强的力学性能，比如抗拉、抗压、抗弯曲等

来源于可再生资源，具有较好的环保性和可持续性

材料应用

透明木材可以应用于：

(建筑)　(家具)　(装饰)　(光伏板)　(光学器件)　(······)

例如，透明木材可以用于建筑立面和窗户，提高室内采光效果，降低能耗；透明木材家具可以带来独特的视觉效果；在光伏板中使用透明木材可以提高光电转换效率

自愈合混凝土、自愈合金属

自愈合混凝土和自愈合金属是两种具有自修复能力的先进材料。这些材料可以在损伤后自动修复，从而延长其使用寿命，降低维修成本和减少资源浪费

自愈合混凝土

自愈合混凝土是一种具有自修复能力的混凝土，其主要原理是利用微生物、化学剂或纳米材料等技术来实现损伤后的自我修复。常见的自愈合混凝土方法有以下三种：

微生物诱导碳酸钙沉淀法

利用微生物产生的尿素酶分解尿素，生成氨和碳酸氢根离子，与钙离子结合生成碳酸钙，从而修复混凝土裂缝

超细水泥颗粒注入法

通过向混凝土中添加超细水泥颗粒，以实现裂缝的自动填充

水凝胶法

向混凝土中添加具有自我修复功能的水凝胶，以修复裂缝

自愈合混凝土的意义在于：

(延长混凝土结构的使用寿命)　(降低资源消耗和减少废弃物产生)　(减轻对环境的影响)

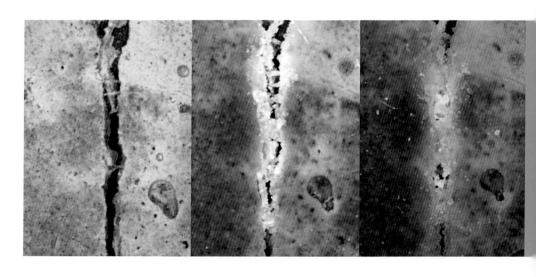

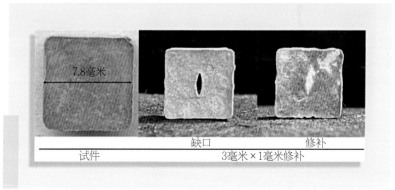

7.8毫米

试件　　　　　缺口　　　　修补

3毫米×1毫米修补

自愈合金属

自愈合金属是一种具有自我修复能力的金属材料。常见的自愈合金属方法有以下两种：

微胶囊包埋法

在金属材料中加入微胶囊，微胶囊内含有修复剂，当金属受损时，微胶囊破裂释放修复剂填充裂缝

形状记忆合金法

利用形状记忆合金在特定温度下发生形状恢复的特性，实现金属材料的自愈合

自愈合金属的意义在于：

(延长金属结构的使用寿命)　(减少资源消耗)　(降低废弃物产生)　(减轻对环境的影响)

石墨烯混凝土

石墨烯混凝土是一种以石墨烯为主要添加剂的混凝土材料。石墨烯是一种由单层碳原子组成的二维纳米材料，具有优异的力学、热导和电导性能。将石墨烯添加到混凝土中，可以显著提高混凝土的性能

材料

石墨烯混凝土的主要成分：

(水泥) (骨料) (水) (石墨烯)

通过将石墨烯纳米片分散在水泥基混凝土中，形成高性能的石墨烯混凝土。石墨烯可以改善混凝土的力学性能、耐久性和导电性等

材料的意义

石墨烯混凝土具有以下低碳可持续的意义：

提高混凝土的强度和耐久性，减少维修和更换的频率，从而降低资源消耗

可能降低混凝土中的水泥用量，减少水泥生产过程中的碳排放

通过提高混凝土的性能，减少材料使用，降低建筑物的碳足迹

生物水泥

生物水泥（Bio-Cement）是一种通过微生物介导的碳酸钙沉淀过程制备的环保型水泥材料。这种方法利用特殊微生物（如巴斯德氏杆菌）产生的尿素酶分解尿素，生成碳酸氢根离子，与钙离子结合生成碳酸钙。碳酸钙沉淀出来，从而形成生物水泥

材料

生物水泥的主要成分：

（微生物） （尿素） （钙源） （其他添加剂）

这些成分混合在一起，通过微生物的生物矿化作用生成碳酸钙，形成坚硬的生物水泥

材料的意义

生物水泥具有以下低碳可持续的意义：

生物水泥的生产过程较传统水泥制造过程产生较少的二氧化碳排放，有利于减缓全球气候变化

生物水泥来源于可再生资源，如微生物和尿素，具有较好的环保性和可持续性

生物水泥可以利用废弃物和工业副产品（如生物质烧结矿渣等）作为原料，减少资源消耗

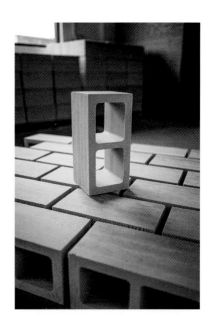

碳纤维、芳纶纤维等高性能纤维复合材料

高性能纤维建筑复合材料是指以高性能纤维（如碳纤维、芳纶纤维等）为增强材料，与树脂基体等粘合剂复合而成的先进建筑材料。这些材料具有轻质、高强度和高刚性等优良性能，被广泛应用于建筑结构、桥梁、管道等领域

材料

碳纤维

碳纤维是一种由高纯度碳原子组成的高性能纤维材料。其具有轻质、高强度、高刚性、高耐磨损等优点，适用于高性能建筑复合材料的制备

芳纶纤维

芳纶纤维（如Kevlar、Twaron等）是一种由芳香聚酰胺聚合物制成的高性能纤维。具有轻质、高强度、高刚性、耐磨损等优点，适用于高性能建筑复合材料的制备

2020 年迪拜世博会

2020年迪拜世博会的碳纤维格栅大门位于世博会的
入口处，一个宽10.5米×高21米的镂空结构，**完
全由碳纤维编织而成**。不同角度，可以看
到不同变化的几何形状

材料的意义

碳纤维、芳纶纤维等高性能纤维复合材料具有以下低碳可持续的意义：

节省资源
高性能纤维建筑复合材料的轻质和高强度特性可以减少材
料用量，从而节省资源

减少能源
高性能纤维建筑复合材料的生产和应用可以降低建筑的能
耗、降低碳排放

提高建筑物寿命
由于其优异的性能，高性能纤维建筑复合材料可以延长建
筑物的使用寿命，减少维修和更换的频率，降低资源消耗

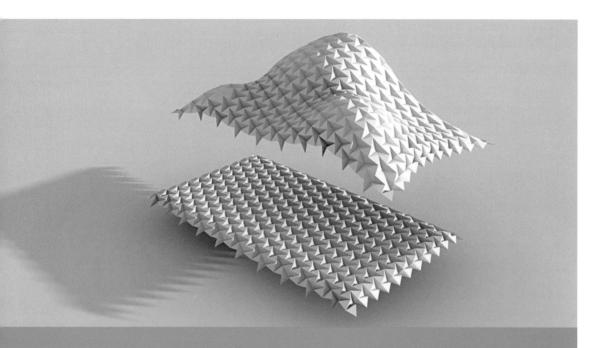

可形变材料

可形变材料（Shape-Changing Materials）是指能够在受到外部刺激（如温度、电场、光等）时改变其形状和尺寸的材料。这类材料在许多领域具有广泛的应用前景，包括建筑、航空航天、生物医学等。常见的可形变材料有形状记忆合金、形状记忆聚合物和电致变形材料等

张开

半张开

关闭

材料

形状记忆合金
提高混凝土的强度和耐久性，减少维修和更换的频率，从而降低资源消耗

形状记忆聚合物
形状记忆聚合物是一类具有形状记忆功能的高分子材料，能够在受到温度、光等刺激时恢复其原始形状

电致变形材料
电致变形材料是指在电场作用下发生形状变化的材料，如压电陶瓷、电致伸缩聚合物等

材料的意义

可形变材料具有以下低碳可持续的意义：

节能
可形变材料在建筑和其他领域的应用可以实现自适应和智能化，从而降低能耗

可重复使用
可形变材料具有可逆的形状变化特性，可以多次使用，减少资源消耗

可替代传统材料
可形变材料可以替代某些传统材料，降低对环境的影响

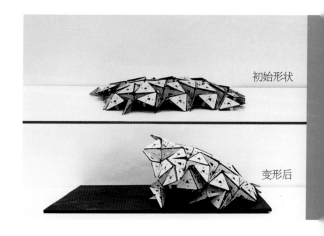

初始形状

变形后

百分百
生物基皮革

百分百生物基皮革是一种通过生物工程技术合成的皮革替代品，完全由可再生生物资源制成，不涉及对动物皮毛的使用。生物基皮革在外观、触感和性能上与传统皮革相似，但其生产过程对环境影响较小

材料

百分百生物基皮革通常由生物基高分子材料（如生物聚合物、纤维素等）和生物基涂层组成。生物基皮革的生产过程包括将这些生物基材料通过生物工程技术转化为具有皮革特性的材料，然后进行加工和染色

材料的意义

百分百生物基皮革材料具有以下低碳可持续的意义：

减少对动物的依赖
百分百生物基皮革不依赖动物皮毛，有助于减少对动物资源的消耗和动物福利问题

环境友好
百分百生物基皮革的生产过程中产生的污染物较少，有助于减少环境污染，例如减少传统皮革生产中所产生的有毒化学品

可再生资源
百分百生物基皮革由可再生生物资源制成，有助于实现可持续发展

节能减排
百分百生物基皮革生产过程的能耗和碳排放较传统皮革生产要低，有助于实现低碳发展

菌丝体材料

菌丝体材料是一种由菌丝体（Mycelium）为基础的生物材料，用于建筑行业。菌丝体是真菌生长过程中产生的线状分支结构，具有生物可降解、可再生和环保等特性。通过将菌丝体与其他可再生资源（如农业废弃物、木质纤维等）结合，可以制备出具有良好绝热、隔声和结构性能的建筑材料

材料

菌丝体建筑材料主要由菌丝体和其他可再生资源（如稻草、木屑等）组成。在适当的温湿条件下，菌丝体通过生长和分枝将这些可再生资源固结成块状或板状的建筑材料

材料的意义

菌丝体材料具有以下低碳可持续的意义：

可再生资源
菌丝体和其他可再生资源均来源于生物，可降低对非可再生资源的依赖

生物可降解
菌丝体建筑材料具有生物可降解性，可以在废弃后迅速分解，降低环境污染

节能
菌丝体建筑材料具有良好的绝热性能，有助于降低建筑物的能耗

环保生产
菌丝体建筑材料的生产过程产生较少的有害物质，相比于传统建筑材料更环保

深圳仙湖植物园零碳花园

深圳仙湖植物园零碳花园，由菌丝体砖打造的景观构筑物

碳捕集混凝土

碳捕集混凝土（Carbon Capture Concrete）是一种具有碳捕集功能的混凝土材料，能够在其生命周期内捕获并储存大量的二氧化碳。这种混凝土材料的研发和应用有助于减少建筑行业的碳排放，促进低碳可持续发展

亚马逊在阿灵顿第二个总部

材料

碳捕集混凝土主要由传统混凝土材料（水泥、骨料、水等）和一种或多种碳捕集剂（如氧化钙、氧化镁等）组成。在混凝土生产和硬化过程中，碳捕集剂与大气中的二氧化碳发生化学反应，形成碳酸盐矿物，从而实现二氧化碳的捕获和储存

材料的意义

碳捕集混凝土材料具有以下低碳可持续的意义：

减少碳排放
碳捕集混凝土能够捕获并储存大量的二氧化碳，有助于减少建筑行业的碳排放

节能
通过提高混凝土材料的性能，如提高强度等，可以减少混凝土使用量，从而降低建筑物的能耗

废物利用
某些碳捕集剂（如氧化钙、氧化镁等）可以从工业废物中提取，有助于实现资源的循环利用

提高环境质量
通过捕获大气中的二氧化碳，碳捕集混凝土有助于改善空气质量，降低温室气体浓度

这个项目目前采用碳捕集混凝土，有望整体建筑物**减少15%碳排放**

纳米技术改性混凝土

纳米技术改性混凝土（Nano-Engineered Concrete）是一种通过纳米技术进行改性的混凝土材料。纳米技术可以显著改善混凝土的性能，如增强其强度、耐久性和自修复能力等。通过将纳米材料添加到混凝土中，可以实现对混凝土微观结构的调控，从而提高混凝土的性能

材料

纳米技术改性混凝土主要成分：

传统混凝土材料

一种或多种纳米材料

（纳米硅酸盐）（纳米氧化物）

（纳米碳管）（……）

纳米材料的添加可以改变混凝土中水泥水化产物的形成过程，从而实现对混凝土微观结构的优化

材料的意义

纳米技术改性混凝土材料具有以下低碳可持续的意义：

节能
纳米技术改性混凝土的高性能使得在建筑物结构设计中可以使用更少的混凝土材料，从而降低建筑物的能耗

提高性能
纳米技术改性混凝土具有更高的强度、耐久性和自修复能力，可以延长建筑物的使用寿命，从而减少资源消耗

减少碳排放
通过提高混凝土材料的性能，可以减少水泥的使用量，从而降低水泥生产过程中产生的二氧化碳排放

创新技术
纳米技术改性混凝土的研发和应用有助于推动建筑材料科学和技术的发展，为实现低碳可持续的建筑行业提供新的解决方案

千禧教堂
Dives in Misericordia

Dives in Misericordia项目采用了含有纳米TiO_2水泥建造，是一座**具有自洁功能的教堂**

热敏型涂料

热敏型涂料（Thermochromic Coatings）是一种具有温度敏感性能的涂料，可以在不同温度下呈现不同的颜色或透明度。热敏型涂料中通常含有特殊的热敏颜料或热敏纳米颗粒，使其具有温度响应的特性。这类涂料在建筑、家具、电子产品等领域具有广泛的应用前景

科罗拉多州住宅

科罗拉多州住宅采用的就是利用温变原理的
感光玻璃，帮助业主改善了阳光的暴晒

材料

热敏型涂料主要成分：

(基础涂料)　(热敏颜料)　(热敏纳米颗粒)　(………)

热敏颜料或纳米颗粒可以根据温度变化发生相变或结构改变，从而改变涂料的颜色或透明度

材料的意义

热敏型涂料材料具有以下低碳可持续的意义：

节能
热敏型涂料可用于建筑物的外墙、窗户等部位，通过调节涂料的颜色或透明度，降低建筑物内部的热量吸收或散失，从而降低建筑物的能耗

舒适性
热敏型涂料可以根据室外温度自动调节室内的光照和温度，提高居住者和使用者的舒适度

减少碳排放
通过降低建筑物的能耗，热敏型涂料有助于减少能源消耗，从而降低二氧化碳排放

创新技术
热敏型涂料的研发和应用有助于推动绿色建筑材料的技术创新，为实现低碳可持续的建筑行业提供新的解决方案

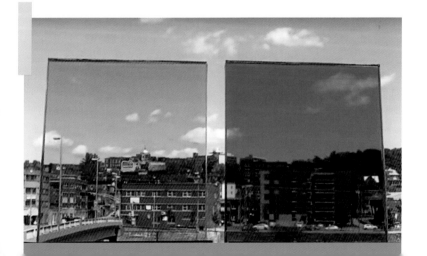

透明铝

透明铝（Transparent Aluminum），又称透明陶瓷铝，是一种具有高透明度的铝基陶瓷材料。其主要成分是铝氧化物（Al₂O₃），通常以一种称为"透明多晶氧化铝"（Transparent Polycrystalline Alumina, TPA）的形式存在。透明铝具有优异的光学性能、高强度和高硬度，可应用于军事、航空航天、汽车和建筑等领域

材料

透明铝是一种铝氧化物陶瓷材料，具有高透明度和高强度。它是通过特殊工艺将氧化铝粉末转化为透明多晶陶瓷制成的

材料的意义

透明铝材料具有以下低碳可持续的意义：

节能

透明铝材料具有较高的透明度，可以用于制作高效的光学窗口和透光元件，从而降低建筑物和车辆的能耗

耐用性

透明铝具有高强度和高硬度，比传统的玻璃和塑料材料更耐磨损和抗冲击，可延长产品的使用寿命，减少资源消耗

减少碳排放

由于透明铝的节能和耐用性能，可降低能源消耗和废弃物产生，从而减少二氧化碳排放

创新技术

透明铝的研发和应用有助于推动新型高性能材料的技术创新，为实现低碳可持续的产业发展提供新的解决方案

相变材料

相变材料（Phase Change Materials, PCMs）是一类在一定温度范围内能够吸收和释放大量热量的特性材料。当温度升高时，这些材料会从固态变为液态，吸收热量；当温度降低时，它们会从液态变为固态，释放热量

材料

相变材料主要成分：

有机相变材料

 石蜡 　脂肪醇　　……

无机相变材料

 盐水 　金属氢化物　　……

材料的意义

相变材料具有以下低碳可持续的意义：

节能
相变材料能够有效地调节建筑物内的温度，降低建筑物对空调和供暖设备的依赖，从而减少能源消耗。通过利用相变材料，可以降低建筑物的运行成本和碳排放

减少资源消耗
相变材料可以提高建筑物的热舒适度，减少对传统建筑材料的需求。这有助于降低建筑行业的资源消耗和对环境的影响

可再生能源储存
相变材料可用于储存太阳能、风能等可再生能源产生的热量。这有助于实现可持续的能源利用，减少对化石燃料的依赖

环境友好
许多相变材料是可生物降解的，对环境的影响较小。此外，相变材料的应用可以减少温室气体排放，有助于实现低碳发展

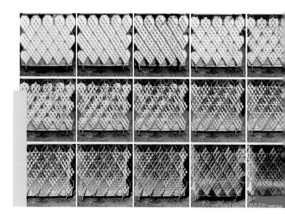

第 12 章

未来建筑材料设计的
发展趋势

随着全球气候变化和环境问题的日益严重，低碳建筑已经成为建筑业的发展趋势。在这一背景下，建筑材料设计的未来将呈现出一系列的特点。本章将结合国内外应用，为大家概括性地介绍未来建筑材料的发展趋势

随着人们对环境保护的重视程度日益增加，生物基材料将成为建筑材料领域的一个重要发展方向。生物基材料通常是可再生、可降解的，具有良好的环境友好性和低碳性能。例如，生物基涂料、生物基塑料、生物基玻璃纤维等，这些材料可以替代传统的石油基材料，减少对环境的污染和能源的消耗

可再生材料是一种可以再生利用的材料，如木材、竹材、藤等天然材料。未来建筑中，可再生材料将会成为主流，可以替代传统的钢铁、水泥等非可再生材料，减少对环境的污染和能源的消耗

随着人们对环保的意识不断提高，回收再利用已成为建筑材料设计的重要方向之一。未来的建筑材料设计将会更加注重回收材料的应用，如回收玻璃、再生金属、再生塑料等，这些材料不仅具有环保、低碳的特点，而且价格相对较低，可以有效地节约建筑成本。另外回收材料可以大大减轻环境和资源紧缺的压力

智能材料是一种新型材料，具有感知和响应功能，能够通过自身的特性来响应外界环境的变化，实现自适应和自我修复等功能。未来建筑中，智能材料的应用将会越来越广泛，例如智能玻璃、智能涂料、智能纤维、自愈合混凝土、自愈合金属等，这些材料可以根据环境变化实现能源的节约和环境的保护

3D打印技术可以在短时间内制造出复杂形状的建筑部件，从而减少建筑材料的浪费和能源的消耗。未来建筑中，3D打印材料的应用将会越来越广泛，例如3D打印混凝土、3D打印金属等

高性能材料是一种可以提高建筑材料的强度、硬度、韧性等性能的材料，如碳纤维、钛合金、陶瓷等。未来建筑中，高性能材料的应用将会越来越广泛，可以提高建筑的安全性和耐久性，减少建筑材料的消耗和浪费

菌丝体

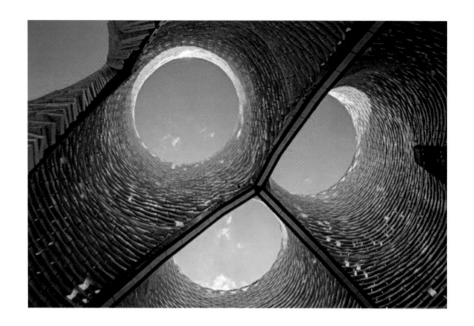

"Hy-Fi" 建筑

美国The Living设计工作室的"Hy-Fi"建筑：这座建筑是由**生物可降解的菌丝体制成的砖块构建而成的**，这种材料是可再生的，可以在短时间内生长出来。这座建筑采用了先进的数字技术来设计和制造

藻类生物技术

"BIQ房子"

德国汉堡威廉港口的"BIQ房子"：这座房子是世界上第一座采用藻类生物技术的建筑

它的外墙上种植了微型海藻，利用藻类的生长和光合作用，实现了**建筑的能量自给自足，**而且**还可以生产生物燃料**

回收材料

布莱顿垃圾屋

布莱顿垃圾屋是英国第一座由从建筑业、其他行业和我们的家中**收集的废物、剩余材料和废弃塑料建造**的永久性建筑。经过 3 个月的生产、12 个月的现场安装，使用了 20000 支牙刷、2 吨牛仔裤、4000 个 DVD 盒、2000 张软盘、2000 块旧地毯（用于覆盖外墙）等废弃物

智能幕墙

阿布扎比阿尔巴哈塔

阿布扎比阿尔巴哈塔是一座建造在热带极端气候的大楼，这座建筑
采用了智能遮阳系统

这个幕墙会对一年中不同时期的阳光照射做出响应，以此来**减少日照和眩光**

3D 打印

这座3D打印农宅位于河北下花园武家庄，由**3D打印技术与特种混凝土材料技术相结合**

3D打印农宅

武家庄农宅共106平方米，其形态采用了当地传统的窑洞形式，它是一座3大2小5开间住宅，3大间分别为起居室及卧室，其上屋顶为筒拱结构，2小间分别为厨房及厕所

高性能材料

重庆北碚缙云零碳小屋

重庆北碚缙云零碳小屋为重庆首个零碳展厅

后记

首先，我要衷心感谢我的家人和朋友们，他们在我编写《低碳建筑选材宝典》期间给予了我巨大的支持和理解。感谢你们的鼓励和耐心，让我能够专注于这个项目，并将它完成。

我还要感谢和我们一起参与《建筑隐含碳减碳策略》白皮书编制的奥雅纳的Jason、贾鹏飞等工作人员以及同济大学方成教授、王家玮同学以及我的同事张李琪。他们的专业见解和指导对于我理解和深入研究低碳建筑选材领域起到了至关重要的作用。他们的工作和研究成果是我编写这本宝典的重要参考。

另外，特别感谢我的编辑团队，他们在整个编写过程中提供了宝贵的建议和反馈。他们的专业编辑技巧和对细节的关注，使得这本书达到了高质量的水平。

最后，我要感谢所有那些关注和支持低碳建筑的读者。您的兴趣和热情激励着我将这本宝典写得更好，并为大家提供有用的建议和指导。

谨向以上所有给予帮助和支持的人员致以最衷心的感谢。你们的贡献使得《低碳建筑选材宝典》得以顺利完成，并将成为这个领域的重要参考资料。

在本书中，我们深入探讨了各类低碳、可持续建筑材料，从生物基材料、可回收材料到智能材料、3D打印材料和高性能材料等。通过介绍这些创新材料及其在国内外具有代表性的建筑应用，我们旨在为建筑师、设计师和其他行业人士提供一个全面、实用的参考。

随着全球气候变化日益严重，采用低碳建筑材料以减少建筑碳排放成为当务之急。这些材料的广泛应用不仅可以提高建筑的能源效率和耐久性，还可以为建筑师提供更多设计灵感和创新思路。

在未来的建筑实践中，我们期望看到越来越多的低碳建筑材料得到广泛应用，以推动建筑业实现可持续发展。让我们一起努力，以创新的设计和先进的材料，为人类构建一个更加美好、绿色的家园。

愿《低碳建筑选材宝典》成为您在低碳建筑实践中的得力助手，为您的创新设计提供有力支持。让我们共同努力，为地球环境的保护和人类未来的可持续发展贡献我们的力量。

材见船长

二〇二三年五月　上海